计算机专业教学改革研究

傅　波◎著

西南交通大学出版社
·成 都·

图书在版编目（CIP）数据

计算机专业教学改革研究 / 傅波著. —成都：西南交通大学出版社，2018.9

ISBN 978-7-5643-6441-0

Ⅰ. ①计… Ⅱ. ①傅… Ⅲ. ①电子计算机－教学改革－高等学校 Ⅳ. ①TP3

中国版本图书馆 CIP 数据核字（2018）第 218089 号

计算机专业教学改革研究

傅 波 著

责任编辑	黄淑文
助理编辑	李华宇
封面设计	腾博传媒
出版发行	西南交通大学出版社 （四川省成都市二环路北一段 111 号 西南交通大学创新大厦 21 楼）
发行部电话	028-87600564 028-87600533
邮政编码	610031
网址	http://www.xnjdcbs.com
印刷	成都中永印务有限责任公司
成品尺寸	170 mm × 230 mm
印张	12.5
字数	200 千
版次	2018 年 9 月第 1 版
印次	2018 年 9 月第 1 次
书号	ISBN 978-7-5643-6441-0
定价	68.00 元

前 言

随着高职院校培养出来的计算机专业人才逐步走向社会，社会对高职院校培养出来的计算机人才的使用情况也进行了及时反馈。从反馈的情况来看，当前的高职院校计算机专业传统教学模式存在诸多问题，已经严重影响到计算机专业人才的培养。为了让培养出来的计算机专业人才能更好地适应市场经济的发展需要，当前的高职院校必须要积极探索和创新专业教学改革，以真正实现培养出社会及市场需要的高素质应用型技能人才的目的。

本书首先对计算机教育进行了相关概述，并对计算机专业教学现状与改革进行了深入分析；之后在此基础上对计算机专业课程改革与建设提出了具有建设性的意见和建议，并对当前广泛开展的MOOC教育进行了比较研究，对高职院校计算机实践教学质量保障进行了系统分析；最后对校企深度合作办学的经验进行了总结，并对教学改革的一些经验体会进行了归纳与总结。

本书共七章，约20万字，由湖南常德职业技术学院傅波撰写。笔者撰写本书仅属抛砖引玉之举，旨在将自己的思考和研究呈现出来，希望大家批评和指导，以便进一步完善。

傅　波

2018年5月

目 录

第一章　计算机教育的相关定义

“学而时习之”是中国教育的优良传统，强化社会实践环节，就应该强调与企业合作办学，开放办学。大学无法独立地、直接地培养工程师，需要与企业开展人才的联合培养，共同探索人才培养模式。一体化学习是学生在学习专业知识的同时，学习并实践个人能力、人际交往能力和工程能力，从而养成积极、主动的情感态度。

第一节　计算机基础教育

计算机是信息技术的基础，应用广泛，发展迅速，几乎国内所有高等学校都开设有计算机专业。

我国高等学校有四个层次，即部属重点大学、省属大学、独立学院和职业技术学院，在高考招生中分别招收一本、二本、三本和专科学生。四类高等学校的人才培养目标定位不同，部属重点大学主要培养研究型人才，职业技术学院培养技术型人才，省属大学和独立学院则主要培养应用型人才。

研究型人才要求计算机类专业基础扎实，毕业后具有从事理论研究与工程应用的能力。应用型人才以工程应用见长，能将计算机科学技术应用于不同的学科领域，进行应用项目设计与开发。技术型人才要求熟练掌握计算机应用技术与开发工具，毕业后能从事计算机应用方面的技术工作。但笔者认为，三种人才培养没有严格的区分，职业技术学院也应培养应用型技术性人才。

一、计算机类专业人才培养目标

高职院校要在市场竞争中长期存在下去，一个最重要的挑战就是要在人才培养目标上找准自己的定位，办出自己的特色，保证学生毕业后能够充分就业。为此，我们对计算机专业人才培养目标进行了如下定位：

（1）素质：德智体美全面发展，综合素质好。

（2）知识结构：系统掌握计算机专业基本理论知识，不要求很深但要够用。

（3）能力：熟练掌握计算机某个专业方向的基本理论知识和主流应用技术，具有较强的工程应用和实践能力。

第一条保证学生的综合素质。第二条保证学生向上迁升（如考研）和横向迁移（从一个专业方向转向另一个专业方向）的能力。第三条体现办学特色，保证学生的就业竞争能力。为实现这一目标，必须根据经济社会发展对计算机类专业人才的需要，认真规划专业结构、课程体系，创新人才培养模式。

二、计算机类专业规划与人才培养方案

专业规划是指根据人才培养总体目标定位，设计并规划本专业具体的人才培养目标和专业方向，制定人才培养方案。现有的专业面太宽，在三年时间内要学到样样精通是不可能的，必须做到有所为有所不为，进行合理的取舍。制定专业规划应遵循以下原则：

一是根据社会经济发展需要制定专业规划。有的专业看来招生很火爆，但很可能几年后人才市场就饱和，面临毕业就失业的压力。计算机专业是信息技术的基础核心专业，人才需求是长期的，专业规划时应该把握人才需求趋势。根据我们的调查研究，网络工程、嵌入式技术、软件设计与开发、数字媒体技术是未来应用型人才的需求热点。

二是根据学校的专业基础和办学条件制定专业规划。专业基础是指办类似相关专业的经验、师资力量和实验仪器设备。如果有，办起来相对容易；如果一切从头开始，就很困难。设置新的专业方向也一样，由于我们培养的是具有较强的工程应用和实践能力的人才，需要学校投入大量资金建立实验室和实训基地，动辄就是上百万，没有场地、资金、人力是不行的。

在职业技术教育方面是分方向的，学生不再是像以前那样什么都学一点、一样也不精通，而是在校期间集中精力学习一个专业领域，熟练掌握该专业领域的主流应用技术并接受良好的职业技术训练，做到能动手实践，会独立解决应用问题。这样，学生毕业时就不会找不到工作。

三、当前大学计算机基础教学面临的问题和任务

通过对部分高校2017年入学新生的计算机水平的调查发现：大学新生入学时所具备的计算机知识差异性很大，来自经济相对发达地区的学生多数对计算机都有一定了解，但认知及技能水平差异很大，参差不齐；而来自一些经济及教育都欠发达地区的学生对计算机的了解又非常少，有的根本就没有接触过计算机。这就导致了大学新生的整体计算机水平严重失衡。进一步分析得知，在具备一定计算机技能的学生中，在大学前所掌握的计算机技能多数仅限于网络的初步应用（如上网收发邮件、聊天及玩游戏），但计算机基础知识仍未达到大学计算机基础教学的目标。随着中小学信息技术教育的普及，大学计算机基础教育中计算机文化认识层面的教学内容将会逐步下移到中小学，但由于各地区发展的不平衡，在今后相当长的一段时间内，新生入学的计算机水平将会呈现出更大的差异。这使得高校面向大学新生的计算机基础课程教学面临严峻的挑战，既要维持良好的教学秩序，又要照顾到学生的学习积极性，还要保障良好的教学质量和教学效果，这就要求高校在计算机基础教学工作中，要大胆创新，不断改革教学内容和方法，不断提高教师自身的业务素质。

社会信息化不断向纵深发展，各行各业的信息化进程不断加速。电子商务、电子政务、数字化校园、数字化图书馆等已向我们走来。社会各行业对大学生人才的计算机技能素质要求有增无减，计算机能力已成为衡量大学毕业生业务素质的重要指标之一。大学计算机教育应贯穿于整个大学教育。教育部理工科和文科计算机基础教学指导委员会相继出台了《计算机基础教学若干意见》（白皮书）和《高等学校文科类专业大学计算机教学基本要求（2012年版）》（蓝皮书），提出了新形势下大学生的计算机知识结构和应用计算机的能力要求，以及大学计算机基础教育应该由操作技能转向信息技术的基本理论知识和运用信息技术处理实际问题的基本思维和规律。随着全国计算机等级考试的不断深入，计算机等级证书已经成为各行业对人才计算机能力评判的基本标准，这是因为全国计算机等级考试能够较全面地考查和衡量一个人的计算机能力和水平。因此，大学计算机基础教学的改革应以提高学生的计算机能力水平、使学生具备计算机应用能力为目标，具体到教学工作中可依照全国计算机等级考试的要求，合

理地在不同专业、不同层次的学生中间广泛开展计算机基础教育。

四、人才培养模式研究与实践

人才培养模式，是为实现培养目标而采取的培养过程的构造样式和运行方式，它主要包括专业设置、课程模式、教学设计和教学方法等构成要素。高职院校计算机类专业的人才培养模式应该是：在保证专业基础核心课程学习的基础上，按职业岗位群规划和设置专业方向；将专业教育与职业技术教育相结合，实现“专业教育—职业技术培训—就业”一条龙。

这种人才培养模式的现实意义在于：IT 行业（信息技术产业）需要大量的有 2~3 年实践工作经验的计算机专业人才，但它们招聘不到合适的人才；我国高等院校每年有数十万计算机专业大学生毕业，却找不到工作。导致这种现象的关键在于刚毕业的大学生不具备 2～3 年的实践工作经验。于是社会上就应运而生了一大批 IT 职业技术培训机构，它们专门培训刚毕业的大学生并为他们推荐就业。

为学生提供职业技术培训并安排所有学生就业，这对学校来说是不可能的（不是不愿做而是做不到）。这主要是因为：（1）学校没有知识和能力结构与时俱进的“双师型”教师；（2）学校没有如职业技术培训机构那样广泛的就业渠道。学生要想在 IT 行业中找个理想的工作岗位，只有参加社会培训机构的职业技术培训。

学生在校期间参加社会上的职业技术培训不仅花钱多，而且由于培训时间与学校上课时间冲突，经常出现逃课现象，导致专业课程不及格。因此，学校主动与职业技术培训机构合作是一种不错的选择。

（一）课程体系设计

课程体系是人才培养目标的具体体现，是保证人才培养目标的基础，也是反映教育者对学生学习的要求和期待，必须仔细设计。

我们的做法是，从人才的社会需求分析调查和职业岗位群分析入手，分解出哪些是从事岗位群工作所需的综合能力与相关的专项能力，然后对理论教学和实践教学与专业基础核心课程进行融合，最后构建出一个完整的课程体系。

构建课程体系时，一要保证专业基础理论的系统性、完整性，既照顾到大多数学生毕业后即去就业的现实情况，基础理论不能过深过精，又照顾到少数学生考研的需要，适当开设专业选修课。二要同时构建专业技术理论、实践教学体系，把专业课程与职业技术培训课程有机融合，让学生在学习专业技术课程时尽量把技术基础打扎实，这样可以缩短职业技术培训的时间，增强培训效果，降低培训费用。

因此，学校在制定人才培养方案和课程教学大纲时，可以与职业培训机构紧密合作，协商解决专业技术课程与职业技术培训课程的衔接问题。

（二）建立实践教学体系

实践教学的目的是优化学生的素质结构、能力结构和知识结构，让其具备获取知识、应用知识的能力和创新能力。计算机类专业是实践性很强的专业，离开了实践，学生将一事无成。

过去的实践教学大多是以课程为中心而设计的。有的课程有上机实验，有的没有。实验内容大多是验证性的并且停留在实验室阶段，很少有人关注这些实验的实际用途。因此，实验做过后也就忘了，扔到一边了。更何况，有些实验课因为设备不足、上机时间不够，导致学生往往不能把一个实验从头到尾做完整，造成许多半拉子工程，其实际效果就更差。

一个完整的实践教学体系，必须保证有足够的设备和足够的学习时间，使学生受到完整和充分的训练，能够完全熟练地掌握核心技术和技能并能综合应用。实践教学分为以下五种类型：

第一类是课程实验，一般不少于该课程学时数的1/3，主要帮助学生理解和消化课程内容，掌握相关技术的使用方法和步骤。

第二类是分阶段安排的专题实践，一个学期安排一次，每次集中一周的时间，要求学生在指定的实验环境下，独立完成指定科目的一个专题项目。

第三类是集中教学实习，时间为两周，请企业兼职教师来学校授课，按照企业用人方式和要求培训学生，指导学生在其选报的专业领域内完成一个小型项目的设计与开发，使学生体验企业环境和职业要求。

第四类是大型综合课程设计或职业技术培训，其目的是按照职业岗位培训的要求培训学生，让学生在老师的指导下合作完成一个较大型工程项目的全过程实践。大型综合课程设计和职业技术培训分开进行。职业技术培训安排在集中教学实习的后面，时间大约为三个月，利用暑假时间和开学后的一个月进行，培训结束后由培训机构安排学生工作。因为培训需要学生自己交培训费，所以要求学生采取自愿的原则。

第五类是毕业设计，要求学生综合应用所学专业知识和技术，独立完成一个自选或指定项目的设计，培养学生的创新能力。

（三）建立校企联合实训基地，合作开展职业技术培训

将职业技术培训引进学校，在校内建立联合实训基地，合作对学生进行职业技术培训，这是学校为学生提供项目实践经验、保证学生充分就业的最佳途径，其好处如下：

（1）大大降低培训费用，让大多数学生都能参加，减轻了学生的就业压力；

（2）就地培训免除了学生在外租房及车马劳顿之苦；

（3）培训与专业课教学相结合，可使学生做到上课与培训两不误；

（4）教师参与职业技术培训，使教师也受到了职业技术训练，不仅使教师变成了“双师型”教师，而且对课程建设和改进课堂教学也大有好处。

一个人才培养方案和培养模式的确立需要通过实践来检验，并在实践中不断进行修改和调整。这就需要学校与学校之间多进行交流，不断改进和完善培养方案，创新人才培养模式，为国家和社会培养更多的符合市场需要的应用型技术人才。

第二节　计算机网络课程教育

随着现代社会的发展，计算机网络得到了广泛应用，已经深入社会生活的各个领域，产生了深远影响。社会各行业对网络管理、网络建设、网络应用技术及开发的人才需求越来越大。在这种形势下，高校为社会培养大量具有理论基础扎实、实践能力强的网络技术人才显得尤为迫切。计算机网络作为计算机相关专业学生必修的核心课程之一，在整个学科中有着重要的地位。计算机网络是计算机技术和通信技术的交叉学科，涉及大量错综复杂的新概念和新技术，在教学中常常存在教学目标定位不清、教学内容与主流技术脱节、实验环节薄弱等问题，因此教学改革十分必要。特对其他高校在计算机网络教学改革中取得的成果和经验做如下总结：

一、明确教学目标定位

教学目标的正确定位是教学改革行之有效的前提和保障，即明确教学是为培养什么类型的人才而服务。计算机网络的教学目标大致可分为三个层次：网络基本应用、网络管理员或网络工程师、网络相关科学研究。其中，网络基本应用目标要求掌握计算机网络的基础知识，在生活、学习和工作中可熟练利用各种网络资源，如浏览新闻、收发电子邮件和查找资料等；网络管理员或网络工程师目标要求掌握网络集成、网络管理、网络安全、网络编程等知识和技能，并对其中一项或若干项有所专长，可以胜任如网络规划设计、网络管理与维护、架设各种服务器和网络软硬件产品的开发等工作；网络相关科学研究目标要求具备深厚的网络及相关学科的理论基础，今后主要从事科研和深层次开发工作。第一层次是现代社会人才都应该具备的，不需要系统的理论知识，适当培训甚至自学就可达到。第二、三层则需要具备较好的理论基础，主要针对高等院校计算机专业。计算机专业教育的目的是在培养、加强专业基础教育的同时，注重对学生的技能培养，培养适应现代化建设需要的、基础扎实、知识面宽、能力强、素质高、可以直接解决实际问题并具有创新精神和责任意识的高级应用型人才。因此，计算机专业计算机网络教学应以第二、三层次为主要目标。目标定位明确以后，具体措施就该围绕目标展开。

二、优化课程结构、更新充实教学内容

首先，应该根据现代网络技术的发展状况和市场需求，不断修订教学大纲和充实新的教学内容。大纲的制定应为课程教学目标服务。计算机网络技术经过多年的发展，已经形成了自身比较完善的知识体系，基础理论知识已经比较成熟，在选择和确定教学内容时，应兼顾基础知识与新兴技术。如当今网络体系结构的工业标准是 TCP/IP，而 OSI 参考模型只要介绍其特点和对学习网络体系结构的意义即可。再比如 X.25、帧中继等目前已基本淘汰的技术可在教学中一带而过，适当增加 FDDI、无线局域网、网络管理和网络安全等当前热门的技术内容。其次，要注重教材建设，根据教学内容为学生选择一本合适的教材。教师可以自行编写教材，也可以选择已出版的优秀教材。英文版教材如 Andrew S.Tanenbaum 的 *Computer*

Network，该书是计算机网络课程的经典教材，在国内外重点大学的网络教学中使用频率较高，该书的中文版也已出版。国内的优秀教材如电子工业出版社出版的《计算机网络》（谢希仁编），目前已出第 7 版。

三、校企合作构建网络教学平台

根据网络教学设计流程框图，自主设计了基于网络教学评价策略的工作过程导向“计算机组网与管理”网络教学平台。

该网络教学平台主要分为公有栏目和教学平台两个部分。公有栏目是课程的相关介绍部分，教学平台是实施基于工作过程导向的教学园区。在网络学习环境不同的学习情境阶段，学习序列和媒体差异已经不明显，教学媒体依据评价策略，通过对基于资源的教学策略和基于案例学习的教学策略进行整合，采用资讯、决策、计划、实施、检查、评价六步法进行教学，对每个学习情境进行单独的形成性或总结性评价，同时该评价又是下一学习情境的诊断性评价。

学习结束采用某信息技术有限公司（是一家专业从事信息技术教育解决方案研究、教育考试产品开发，为在校学生、行业企业在职人员提供主流 IT 应用技能教育服务及职业能力测评服务的技术型企业）为企业定制的评测模型，由仿真评测系统抽取符合需求的模拟场景，通过记录被测试人员在此模拟场景中的实际操作，进而对其进行分析能力、基础知识、技术应用水平和应急处理能力四个方面的总结性评价。

传统的教学评价都是由学校教师一肩挑，他们既扮演运动员的角色，又扮演裁判员的角色。而校企合作进行评价，能够真实地显示教学过程中的缺失，它既是教学的总结性评价，同时也是教学的诊断性评价或形成性评价，可以促使教学内容更贴近生产第一线，且评价的结果可以直接为企业服务。

四、改善教学方法与手段

先进、科学的教学方法与手段能激发学生的学习兴趣，并收到了良好的教学效果。根据教学内容和目标，可将多种教学方法和手段合理运用于教学活动中。

（一）充分利用多媒体优势

多媒体技术集图像、文字、动画于一体，图文并茂，形式多样，使用灵活，信息量大。教师应利用一切资源，精心制作多媒体课件。利用多媒体动画可将抽象、复杂的教学内容和工作原理以直观形象的方式演示出来。例如，可将数据在各层的封装和解封、CSMA/CD 工作原理、TCP 三向握手等抽象内容制作成多媒体演示出来，这样做既生动、形象，又易于理解和掌握。

（二）利用各种工具软件辅助教学

网络体系结构中的各层协议是计算机网络课程中的重难点内容，了解和掌握各层协议数据单元（PDU）的格式和字段内容十分重要，如果不清楚这些就无法真正理解各层功能是如何实现的。但是这些内容抽象、枯燥，教学效果往往不佳，可借助 Wireshark 和 Snifer 等一些工具软件辅助教学。可用其捕捉数据包并分析各种数据包的结构，学生能够直观地看到 MAC 帧、IP 包、TCP 包文段等各种协议数据单元的结构和内容，理解和掌握便不再困难。

（三）重视案例教学法

学习计算机网络要学会解决网络实际问题的基本方法，掌握网络的基本原理，培养跟踪、学习网络新技术的能力。计算机网络课不应是单纯的理论课或应用课，而应是理论、工程与应用紧密结合的课程。因此在内容安排上，不仅应重视网络基础理论和工作原理的阐述，也应重视网络工程构建和网络应用问题的分析，使理论与实际更好地结合。在教学中选择一些典型案例进行分析、讨论和评价，使学生在掌握基础知识的同时获得一定的实际应用经验，反过来可更加深入地理解基础知识，有利于激发学生的求知欲，调动学生的学习主动性和自觉性，从而提高学生分析问题和解决问题的能力。

（四）鼓励学生积极参与教学

改变传统教学单纯是“老师教，学生学”的模式，鼓励学生积极参与到教学中来，让其感受到自己在教学过程中的主体地位。优秀的学生不但能学好教师讲授的内容，还有自己的好想法，甚至能给老师提出改进意见。这就需要教师尊重并思考学生的意见，给学生一定的施展才华的空间并加以启发和引导。教师可以选择一些学生提出过的或当前热点关注的课题布置给学生，让他们走出课堂去调查和搜集资料，然后在课堂上讲解，同学们互相讨论，最后由老师点评。这样积极有效的参与既提高了学生的学习主动性，又锻炼了学生的思考和表达能力。

五、进行实验教学改革

计算机网络是一门应用性很强的课程，计算机专业教育更应重视实验教学环节。实验教学不仅是理论教学的深化和补充，而且对于培养学生综合运用所学知识，解决实际问题，加深对网络理论知识的理解和应用也起着非常重要的作用。

（一）建设优良实用的网络实验室

良好的实践环境对学生能力的培养至关重要，它是实现培养网络人才目标的重要保障。要根据教学目标和学校实际情况，设计一套合理实用的网络实验室建设方案。为此，一些院校建立了网络工程实验室，使学生有了真正的动手实践的机会，能够更好地做到理论和实际紧密结合。

（二）利用虚拟网络实验平台

网络技术的快速发展对实验设备的要求越来越高。高校一般都存在经费有限的问题，实验室设备的更新改造往往很难及时跟上网络技术的发展。即便实验环境很优越，学生做实验也受到时间和地点的诸多限制，而虚拟网络实验技术的发展为网络实验教学改革提供了新的思路。使用虚拟机Vmware，学生在一台计算机上就可以组建虚拟的局域网，完成虚拟机与主机、虚拟机之间的网络连接，实现安装各种操作系统、服务器架设和开发及测试的实验。使用 Packet Tracer 或 Boson Netsim 可以支持大量的设备仿真模型，如交换机、路由器、无线网络设备、服务器、各种连接电缆和终端等，配置命令和界面与真实设备几乎完全一样。利用虚拟的网络实验平台，学生可随时进行各种网络实验训练而不必担心网络设备的损坏，可以迅速搭建虚拟网络并做好配置和调试，还可以由一个人完成较复杂的设计性和综合性实验。真实实验结合虚拟实验极大地提高了学习效率和资源的利用率，收到了良好的教学效果。

（三）调整和完善实验教学内容

由于各校的实际情况不同，所以要根据教学目标和实验室条件来设计实验内容和编写实验指导书。实验教学内容不应仅仅依附于课程的理论教学内容，它同理论课程一样都是为教学目标而服务的。验证性、设计性和综合性实验所占的比例应该科学合理，多关注和借鉴一些厂商认证培训的实验项目；在制定实验内容时，要注意加强实验内容的实用性。实验内容大概可分为以下几类：网络基本原理实验，如使用 Wireshark 或 Snifer 分析网络协议；网络集成类实验，如网线的制作及测试、交换机和路由器的基本配置、VLAN 的配置与管理、路由协议的配置、访问控制列表的配置、树协议的生成、网络的设计与规划等；网络管理类实验，如对各种操作系统的安装配置及管理，IS 服务器的配置及管理，Apache 服务器的配置及管理，FTP、DHCP、DNS 等服务的配置和管理，用户和权限的管理等。如果安排实验内容较多，可将实验独立设课。实验内容不能一成不变，应根据网络技术的发展和市场需求不断地更新和完善。

网络技术日新月异，计算机网络课程的教学应该紧密地结合实际，在探索中持续改进，为培养出更多的高素质应用型人才贡献力量。

第二章　计算机专业教学现状与改革

通过教学改革与研究，树立先进的人才培养理念，构建具有鲜明特色的学科专业体系和灵活的人才培养模式，才能造就适合当地经济建设和社会发展的，适用面广、实用性强的专业人才。

第一节　当前计算机专业人才培养现状

一、专业定位和人才培养目标不明确

国内重点大学和知名院校的专业培养强调重基础、宽口径，偏重于研究生教育。而职业院校由于生源质量、任课教师水平等诸多因素的影响，要达到重点院校的人才培养目标确实勉为其难。职业院校的生源大部分来自农村和中小城市，地域和基础教育水平的差异，使得他们视野不够开阔，知识面不够宽，许多与实践能力培养相关的课程与环节在片面追求升学率的情况下被放弃。这些学生上大学，怀抱“知识改变命运”的个人目标，对于来自农村的生源来说是无可厚非的，然而一进入大学之门，就被学校引导进入以考取研究生或掌握一技之长为目的的学习之中，重蹈中学应试学习之路，过于迫切的愿望，导致他们把学习的考试成绩看得特别重，忽视了实践能力的运用。加上职业院校的学术氛围、学习风气的影响，教学效果一般难与重点院校相提并论，所以培养出来的学生基本理论、动手能力、综合素质普遍与重点大学和社会对人才的需要有一定的差距。专业定位和培养目标的偏差，造成部分职业院校计算机专业没有形成自己的专业特色，培养出来的学生操作能力和工程实践能力相对较弱，缺乏社会的竞争力。

二、培养方案和课程体系不能因地制宜

计算机专业的培养方案和课程体系，除了学习和借鉴一些名牌大学、重点大学之外，有些是对原有计算机科学与技术专业的培养计划和课程体系进行修改。无论何种方式，由于受传统的理科研究性的教学思想的影响，都是从研究软件技术的视角出发制定培养方案和设计课程体系的。这些课程体系不是以工程化、职业化为导向，而是偏重理论教育，特别是与软件过程相关的技能与工程实训很少，甚至根本没有。按照这样的培养方案和课程体系，一方面软件工程专业实训内容难以细化，重理论轻实践，虽然实验开出率也很高，也增加了综合性、设计性的实验内容，但是学生只是机械地操作，不能提高学生自己动手、推理能力，从而造成了学生创新能力不足。另一方面，课程内容陈旧、知识更新落后，忽视针对性和热点技术，无法跟上发展迅速的业界软件技术，专业理论知识难度较大，学生很难完全掌握吸收，又学不到最新的专业技术，专业成才率较低。

生源质量、师资水平、地方经济发展程度的不同，要求高校培养人才要因地制宜，探索出真正体现职业院校计算机专业特色的培养计划和课程体系，培养出适合企业需要的软件工程技术人才。

三、实践教学体系建设不完善

计算机专业的集中实践教学环节的硬件条件，大多按照教育部评估的要求进行了配置，实践课程也按照计划进行了开设。但是很多都是照搬一般模式，有些虽然也安排学生到公司实习，但是对如何从实验教学、实训教学、“产、学、研”实践平台构建等环节进行实践教学体系的建设考虑还远远不够，更谈不上如何根据专业自身的生命周期和需要进行实践教学的安排。很多实践过程学生根本就没有深入地学习，只是做了一些简单的验证实验，没有深入分析问题、解决问题的过程。另外，学生实验、实践和实训都是以个人为单位，缺少团队合作精神和情商培养，学生以自我为中心，缺乏与人沟通的能力和技巧，难以适应现代 IT 企业注重团队合作的工作氛围。

四、缺少有项目实践经历的师资

职业院校计算机专业的师资力量相对于重点院校还是相当薄弱，相当

一部分教师是从校门到校门，缺少项目实践经历，没有生产一线的工作经验。另外，学校与行业企业联系不够紧密，教师难以及时了解和掌握企业的最新技术发展和体验现实的职业岗位，致使专业实践能力明显不足，“双师”素质的教师在专任教师中所占比例较低。真正符合职业教师特点和要求的教师培训机会不多，很多教师以理论教学为主导地位的教育观念没有改变，没有培养学生超强实践能力的意识，导致在教学过程中过分强调考试成绩，实践课程的学习成了附属品。没有好的师资很难培养出优秀的软件工程人才。

五、教学考核与管理方式存在问题

高校扩招后，职业院校普遍存在师资不足的问题，因此，理论课程和实践课程往往由同一名教师担任，合班课也非常普遍，为了简化考核工作，课程的考核往往就以理论考试为主，对于实践能力要求高的课程，也是通过笔试考核，60 分成了学生是否达到培养目标、是否能毕业的一个铁定的指标。学习缺乏过程性评价和有效监控，业余时间多且无人管理，给学生的错觉是只要达到 60 分，只要能毕业，基本任务就完成了，能否解决实际问题已不重要。这些问题在学生毕业设计、毕业（论文）阶段也非常突出，但因为学生面临找工作以及毕业设计指导管理等问题，毕业设计阶段对学生工程实践能力的培养也有相当弱化的趋势。

第二节　计算机专业教育思想与教育理念

任何一项教育教学改革，必须在一定的教育思想和先进的教育理念的指导下进行，否则教学改革就成为无源之水，无本之木，难以深化持续开展。

一、杜威“做中学”教育思想的解读

约翰•杜威（JohnDewey，1859—1952）是美国著名的哲学家、教育家和心理学家，其实用主义的教育思想，对 20 世纪东西方文化产生了巨大的影响。联合国教科文组织产学合作教席提出的工程教育改革的三个战略“做中学”、产学合作与国际化，其中的第一战略“做中学”便是杜威首先提

出的学习方法。

“教育即生活”“教育即生长”“教育即经验的改造”是杜威教育理论中的 3 个核心命题，这 3 个命题紧密相连，从不同侧面揭示出杜威对教育基本问题的看法。以此为据，他对知与行的关系进行了论述，提出了举世闻名的“做中学（Learning by doing）”原则。

（一）杜威教育思想提出的时代背景

19 世纪后半期，经过“南北战争”后的美国正处在大规模的扩张和改造时期，随着工业化进程的加快，来自世界各国的大量移民涌入美国，促进了美国资本主义经济的迅速发展。但是大多数移民受教育程度不高，在美国经济中扮演的是廉价的农业或工矿业非熟练工的角色，一方面，资产阶级迫切需要大量的为他们创造剩余价值而又驯服的、有较高文化程度的熟练工人；另一方面，在年轻的移民和移民后裔的心中也有着强烈的愿望——通过接受教育从而改变其窘迫的生活现状。此外，工业化和城市化进程在加快美国经济发展速度的同时，也引发了一系列的社会问题，如环境恶化、贫富差距加大、城市犯罪增多、公立教育低劣和频繁的经济危机等，由此产生的轰轰烈烈的农民运动和工人运动，对美国教育的改革提出了更为紧迫的要求。如何使学校教育适应工业化的进程，如何使移民及移民子女受到他们所需要的教育，按照美国的生活和思维方式来驯化他们，使之“美国化”并增强本土文化意识，成为当时美国社会人士特别是教育界人士必须面对和思考的一个重要问题。

19 世纪中期的美国社会，在学校教育领域中占据统治地位的是赫尔巴特的教育思想。赫尔巴特认为，教学是激发兴趣，形成观念，传授知识，培养性格的过程，与此相适应，他提出了教学的 4 个阶段，即明了、联想、系统、方法。赫尔巴特教学的形式阶段，其致命弱点就是过于机械、流于形式，致使学校生活、课程内容和教学方法等方面极不适应社会发展的变化。

面对美国工业化进程引起的社会生活的一系列巨大变化，杜威进行了认真而深入的思索，主张学校的全部生活方式，从培养目标到课程内容和教学方法都需要进行改革。杜威在其《明日之学校》（School of Tomorrow）里强调：“我们的社会生活正在经历着一个彻底的和根本的变化。如果我们的教育对于生活必须具有任何意义的话，那么，它就必须经历一个相应的完全的变革……这个变革已经在进行……所有这一切，都不是偶然发生的，而是出于社会发展的各种需要。”以杜威为代表的实用主义教育思想的产生，是社会发展的必然趋势。

（二）“做中学”提出的依据

从批判传统的学校教育出发，杜威提出了“做中学”这个基本原则，这是杜威教育思想重要组成部分。在杜威看来，“做中学”的提出有三方面的依据。

1.“做中学”是自然的发展进程中的开始

杜威在《民主主义与教育》（Democracy and Education）一书中指出，人类最初经验的获得都是通过直接经验获得的，自然的发展进程总是从包含着“做中学”的那些情境开始的，人们最初的知识和最牢固地保持的知识，是关于怎样做的知识。他认为人的成长分为不同的阶段，在第一阶段，学生的知识表现为聪明、才力，就是做事的能力，例如，怎样走路、怎样谈话、怎样读书、怎样写字、怎样溜冰、怎样骑自行车、怎样操纵机器、怎样运算、怎样赶马、怎样售货、怎样待人接物等。从“做中学”是人成长进步的开始，通过从“做中学”，儿童能在自身的活动中进行学习，因而开始他的自然的发展进程。而且，只有通过这种富有成效的和创造性的运用，才能获得和牢固地掌握有价值的知识。正是通过从“做中学”，学生得到了进一步成长和发展，获得了关于怎样做的知识。随着儿童的长大以及对身体和环境的控制能力的增加，儿童将在周围的生活中接触到更为复杂和广泛的方面。

2.“做中学”是学生天然欲望的表现

杜威强调说现代心理学已经指明了这样一个事实，即人的固有的本能是他学习的工具。一切本能都是通过身体表现出来的；所以抑制躯体活动的教育，就是抑制本能，因而也就是妨碍了自然的学习方法。与儿童认识发展的第一阶段特征相适应，学生生来就有天然探究的欲望，要做事，要工作。他认为一切有教育意义的活动，主要的动力在于学生本能的、由冲动引起的兴趣上，因为由这种本能支配的活动具有很强的主动性和动力性特征，学生在活动的过程中遇到困难会努力去克服，最终找到问题的解决方法。进步学校“在一定程度上把这一事实应用到教育中去，运用了学生的自然活动，也就是运用了自然发展的种种方法，作为培养判断力和正确思维能力的手段。这就是说，学生是从做中学的。”

3.“做中学”是学生的真正兴趣所在

杜威认为，学生需要一种足以引起活动的刺激，他们对有助于生长和发展的活动有着真正的浓厚的兴趣，而且会保持长久的注意倾向直到他将问题解决。对于儿童来说，重要的和最初的知识就是做事或工作的能力，因此，他对“做中学”就会产生一种真正的兴趣，并会用一切的力量和感情去从事使他感兴趣的活动。学生真正需要的就是自己去做，去探究。学生要从外界的各种束缚中解脱出来，这样他的注意力才能转向令他感兴趣的事情和活动。更为重要的是，如果是一些不能真正满足儿童生长和好奇心需要的活动，儿童就会感到不安和烦躁。因此，要使儿童在学校的时间内保持愉快和充实，就必须使他们有一些事情做，而不要整天静坐在课桌旁。“当儿童需要时，就该给他活动和伸展躯体的自由，并且从早到晚都能提供真正的练习机会。这样，当听其自然时，他就不会那么过于激动兴奋，以致急躁或无目的的喧哗吵闹。”

（三）“做中学”的内涵

杜威认为在学校里，教学过程应该就是“做”的过程，教学应该从学生的现在生活经验出发，学生应该从自身活动中进行学习。从“做中学”实际上也就是从“活动中学”、从“经验中学”。把学校里知识的获得与生活过程中的活动联系起来，充分体现了学与做的结合，知与行的统一。从“做中学”是比从“听中学”更好的学习方法，在传统学校的教室里，一切都是有利于“静听”的，学生很少有活动的机会和地方，这样必然会阻碍学生的自然发展。

杜威的“做”或“活动”，最简单的可以理解为“动手”，学生身体上的许多器官，特别是双手，可以看作一种通过尝试和思维来学得其用法的工具。更深一层次的理解可以上升为是与周围环境的相互作用。杜威从关系存在的视角审视人的生存状态，指出生命活动最根本的特质就是人与环境的水乳交融、相互依存的整体样式。人与自然、人与环境之间存在着本然的联系，一种契合关系，这种相互融通的关系的存在，是生命得以展开的自然前提。生命展开的过程是生命与环境相互维系的过程，这个过程离不开生命的“做与经受（doing and undergoing）”，即经验。

传统认识论意义上的经验是指主体感受或感知等纯粹的心理性主观事件，而杜威的“经验”内涵远远超出了认识论的界限，包括了整个生活和历史进程。这是对传统认识论经验概念的根本改造，突破了传统认识论中经验概念的封闭性、被动性，具有主动性和创造性的内涵，向着环境和未来开放。在杜威看来，“做与经受”是生命与环境之间的互动过程，是经验的展开历程。“经验正如它的同义词生活和历史一样，既包括人们所从事与所承受的事，他们努力为之奋斗着的、爱着的、相信着与忍受着的东西，而且同时也是人们如何行为与被施与行为的，他们从事与承受、渴望与接受，观看、相信、想象着的方式——总之，它们也是经历着的历程。”这就是杜威所说的“做与经受”，一方面，它表示生命有机体的承受与忍耐，不得不经受某种事物的过程；另一方面，这种忍受与经受又不完全是被动的，它是一种主动的“面对”，是一种“做”，是一种“选择”，体现着经验本身所包含的主动与被动的双重结构。杜威还强调到，经验意味着生命活动，生命活动的展开置身于环境中，而且本身也是一种环境性的中介。何处有经验，何处便有生命存在；何处有生命，何处就保持有同环境之间的一种双重联系，经验乃是生命存在的基本方式。

经验，是生命在生存环境中的连续不断的探求，这种经验的过程、探求的过程是生命的自然样态，这个过程就是一种自然的学习过程——从“做中学”。“学习是一种生长方式”“学习的目的和报酬是继续不断生长的能力”，是习性的建立和改善的过程。

（四）对杜威“做中学”的辨析

1.在“做中学”的活动中，学生的“做”并非是自发的、单纯的行动

“做中学”的基本点是强调教学需要从学生已有的经验出发，通过他们的亲身体验，领会书本知识，通过“做”的活动，培养手脑并用的能力。其中的“做”是沟通直接经验与间接经验的一种手段，是一种面对，一种选择，学生的“做”并非是盲目的。杜威指出：“教育上的问题在于怎样抓住儿童活动并予以指导，通过指导，通过有组织的使用，它们必将达到有价值的结果，而不是散漫的或听任于单纯的冲动的表现。”在杜威领导的实验学校里，儿童们什么时候学习什么内容，都是经过周密的考虑、按计划进行的，儿童“做”的内容大体包括纺纱、织布、烹饪、金工、木工、园艺等，与此相平行的还有三个方面的智力活动即历史的或社会的研究、自然科学、思想交流，可见儿童并非单纯自发地做。

杜威强调儿童学习要从实践开始，并非要儿童学习每个问题时都事必

躬亲，更未否定学习书本知识，不仅如此，他更重视把实践经验与书本知识联系起来。被称为一门学科的知识，是从属于日常生活经验范围的那些材料中得来的，教育不是一开始就教学生活经验范围以外的事实和真相。“在经验的范围内发现适合于学习的材料只是第一步，第二步是将已经经验到的东西逐步发展而更充实、更丰富、更有组织的形式，这是渐渐接近于提供给熟练的成人的那种教材的形式。”但是“没有必要坚持上述两个条件的第一个条件。”在杜威看来，如果儿童已经有了这类的经验，在教学中就不必再让他们从“做”开始，如果仍坚持这样做，就会“使人过分依赖感官的提示，丧失活动能力”。

2.“做中学”并非是只注重直接经验，不重视学习间接经验

杜威强调教学要从学生的经验开始，学习必须有自身的体会，但杜威并不忽视间接经验的作用，他对传统教育的批判不是反对传统教育本身，而是传统教育那种直接以系统的、分化的知识作为整个教育与课程的出发点的不当做法。杜威认为，系统知识既是经验改造的一个重要条件，又是经验改造所要达到的一个结果。无论如何，个人都应利用别人的间接经验，这样才能弥补个人经验的狭隘性和局限性。他说：“没有一个人能把一个收藏丰富的博物馆带在身边，因此，无论如何，一个人应能利用别人的经验，以弥补个人直接经验的狭隘性。这是教育的必要组成部分。可见，杜威认为间接经验的学习是十分重要的，是知识获得的重要源泉。他要求教材必须与学生的活动、经验相联系，并让学生通过“做”的活动领会教科书中的知识。所以，教材的编写要能反映出世界最优秀的文化知识，同时又能联系儿童生活，被儿童乐于接受。并且，还应提供给学生作为“学校资源”和“扩充经验的界限的工具”的资料性的读物，这样的读物是引导儿童的心灵从疑难通往发现的桥梁。

同时，杜威还认为在“做中学”的过程，除了有感性的知觉经验之外，也有抽象的思维过程。他认为“经验不加以思考是不可能的事。有意义的经验都是含有思考的某种要素”。“在经验中理论才有亲切地与可以证实的意义”，说明他的“经验”中包括理性的成分。

3.“做中学”并不否定教师的主导作用

杜威教育思想的一个非常重要的特点就是，教育的一切措施要从儿童的实际出发，做到因材施教，以调动儿童学习的积极性和主动性，即“儿

童中心论”。以儿童为中心就是要求教育方面的“一切措施”——教学内容的安排、方法的选用、教学的组织形式、作业的分量等，都要考虑到儿童的年龄特点、个性差异、他们的能力、兴趣和需要，要围绕儿童的这些特点去组织，去安排。而这个“一切措施”的组织安排，主角便是教师。可见，杜威对传统教育那种“以教师为中心”的批评，并不摒弃教师指导作用的地位。在教学过程中，如何发挥教师和学生的积极性问题上，杜威坚持辩证的观点，他认为教师“应该是一个社会集团（儿童与青年的集团）的领导者，他的领导不以地位，而以他的渊博知识和成熟的经验。若说儿童享有自由之后，教师便应退处无权，那是愚笨的话。”有些学校里，不让教师决定儿童的工作或安排适当的环境，以为这是独断强制。不由教师决定，而由儿童决定，不过以儿童的偶然接触，代替教师智慧的计划而已。教师有权为教师，正是因为他最懂得儿童的需要与可能，从而能够计划他们的工作。在杜威实验的进步学校里，儿童需要得到教师更多的指导，教师的作用不是减弱了，而是更重要了。教师是教学过程的组织者，发挥教师的主导作用与“以儿童为中心”并不矛盾。

二、构思、设计、实现、运作教育理念

为了应对经济全球化形势下产业发展对创新人才的需求，“做中学”成为教育改革的战略之一。作为“做中学”战略下的一种工程教育模式，构思、设计、实现、运作教育理念自2010年起，在以MIT（麻省理工学院）为首的几十所大学操作实施以来，迄今已取得显著成效，深受学生欢迎，得到产业界高度评价。构思、设计、实现、运作教育理念对我国高等教育改革产生了深远的影响。

（一）构思、设计、实现、运作教育理念

构思、设计、实现、运作教育理念是基于工程项目全过程的学习，是对以课堂讲课为主的教学模式的革命。构思、设计、实现、运作教育理念代表构思（Conceive）、设计（Design）、实现（Implement）和运作（Operate），它是“做中学”原则和“基于项目的教育和学习（Project Based Education and Learning）”的集中体现，它以产品研发到产品运行的生命周期为载体，让学生以主动的、实践的、课程之间具有有机联系的方式学习和获取工程能力。其中，构思包括顾客需求分析，技术、企业战略和规章制度设计，发

展理念，技术程序和商业计划制订；设计主要包括工程计划、图纸设计以及实施方案设计等；实施特指将设计方案转化为产品的过程，包括制造、解码、测试以及设计方案的确认；运行则主要是通过投入实施的产品对前期程序进行评估的过程，包括对系统的修订、改进和淘汰等。

构思、设计、实现、运作教育理念是在全球工程人才短缺和工程教育质量问题的时代背景下产生的。从 1986 年开始，美国国家科学基金会（NSF）逐年加大对工程教育研究的资助；美国国家研究委员会（NRC）、国家工程院（NAE）和美国工程教育学会（ASEE）纷纷展开调查和制定战略计划，积极推进工程教育改革；1993 年欧洲国家工程联合会启动了名为 EUR-ACE（Accreditation of European Engineering Programmes and Graduates）的计划，旨在成立统一的欧洲工程教育认证体系，指导欧洲的工程教育改革，以加强欧洲的竞争力。欧洲工程教育的改革方向和侧重点与美国一样：在继续保持坚实科学基础的前提下，强调加强工程实践训练，加强各种能力的培养；在内容上强调综合与集成（自然科学与人文社会科学的结合，工程与经济管理的结合）。同时，针对工科教育生源严重不足问题，美欧各国纷纷采取措施，从中小学开始，提升整个社会对工程教育的重视。正是在此背景下，MIT 以美国工程院院士 Ed.Crawley 教授为首的团队和瑞典皇家工学院等 3 所大学从 2000 年起组成跨国研究组合，获 Knut and Alice Wallenberg 基金会近 1600 万美元巨额资助，经过 4 年探索创立构思、设计、实现、运作教育理念并成立 CDIO 国际合作组织。

在构思、设计、实现、运作教育理念国际合作组织的推动下，越来越多的高校开始引入并实施 CDIO 工程教育模式，并取得了很好的效果。在我国，清华大学和汕头大学的实践证明，“做中学”的教学原则和 CDIO 工程教育理念同样适合国内的工程教育，这样培养出来的学生，理论知识与动手实践能力兼备，团队工作和人际沟通能力得到提高，尤其受到社会和企业的欢迎。CDIO 工程教育模式符合工程人才培养的规律，代表了先进的教育方法。

（二）对构思、设计、实现、运作教育理念的解读与思考

构思、设计、实现、运作教育理念的概念性描述虽然比较完整地概括了其基本内容，但是还是比较抽象、笼统。其实，最能反映 CDIO 特点的是其大纲和标准。构思、设计、实现、运作教育理念模式的一个标志性成

果就是课程大纲和标准的出台，这是 CDIO 工程教育的指导性文件，详细规定了 CDIO 工程教育模式的目标、内容以及具体操作程序。因此，要深刻领会CDIO的理念，在实践中创造性地加以运用，最好的办法就是对CDIO的大纲和标准进行解读和深入地思考。

1.构思、设计、实现、运作教育理念大纲的目标

构思、设计、实现、运作教育理念课程大纲的主要目标是“建构一套能够被校友、工业界以及学术界普遍认可的，未来年轻一代工程师必备的知识、经验和价值观体系。”提出系统的能力培养、全面的实施指导、完整的实施过程和严格的结果检验的12条标准。大纲的意愿是让工程师成为可以带领团队，成功地进行工程系统的概念、设计、执行和运作的人，旨在创造一种新的整合性教育。该课程大纲对现代工程师必备的个体知识、人际交往能力和系统建构能力做出的详细规定，不仅可以作为新建工程类高校的办学标准，而且还能作为工程技术认证委员会的认证标准。

2.构思、设计、实现、运作教育理念大纲的内容

构思、设计、实现、运作教育理念大纲的内容可以概述为培养工程师的工程，明确了高等工程教育的培养目标是未来的工程人才“应该为人类生活的美好而制造出更多方便于大众的产品和系统。”在对人才培养目标综合分析的基础上，结合当前工程学所涉及的知识、技能及发展前景，CDIO大纲将工程毕业生的能力分为技术知识与推理能力、个人能力与职业能力和态度、人际交往能力、团队工作和交流能力。在企业和社会环境下构思—设计—实现—运行系统方面的能力（4 个层面），涵盖了现代工程师应具有的科学和技术知识、能力和素质。大纲要求以综合的培养方式使学生在这 4 个层面达到预定目标。构思、设计、实现、运作教育理念大纲为课程体系和课程内容设计提供了具体要求。

为提高可操作性，构思、设计、实现、运作教育理念大纲对这 4 个层次的能力目标进行了细化，分别建立了相应的2级指标和3级指标。其中，个人能力、职业能力和态度是成熟工程师必备的核心素质，其 2 级指标包括工程推理与解决问题的能力（又包括发现和表述问题的能力、建模、估计与定性分析能力等 5 个 3 级指标）、实验和发现知识的能力、系统思维的能力、个人能力和态度、职业能力和态度等。同时，现代工程系统越来越依赖多学科背景知识的支撑，因此，学生还必须掌握相关学科的知识、

核心工程基础知识、高级工程基础知识，并具备严谨的推理能力；为了能够在以团队合作为基础的环境中工作，学生还必须掌握必要的人际交往技巧，并具备良好的沟通能力；最后，为了能够真正做到创建和运行产品/系统，学生还必须具备在企业和社会两个层面进行构思、设计、实施和运行产品/系统的能力。

构思、设计、实现、运作教育理念课程大纲实现了理论层面的知识体系、实践层面的能力体系和人际交往技能体系 3 种能力结构的有机结合。为工程教育提供了一个普遍适用的人才培养目标基准，同时它又是一个开放的、不断自我完善的系统，各个院校可根据自身的实际情况对大纲进行调整，以适合社会对人才培养的各方面需求。

3.构思、设计、实现、运作教育理念标准解读

构思、设计、实现、运作教育理念的 12 条标准是一个对实施教育模式的指引和评价系统，用来描述满足 CDIO 要求的专业培养。它包括工程教育的背景环境、课程计划的设计与实施、学生的学习经验和能力、教师的工程实践能力、学习方法、实验条件以及评价标准。在这 12 条标准中，标准 1，2，3，5，7，9，11 这 7 项在方法论上区别于其他教育改革计划，显得最为重要，另 5 项反映了工程教育的最佳实践，是补充标准，丰富了 CDIO 的培养内容。

标准 1：背景环境。

构思、设计、实现、运作教育理念是基于 CDIO 的基本原理，即产品、过程和系统的生命周期的开发与实现是适合工程教育的背景环境。因为它是一个可以将技术知识和其他能力的教、练、学融为一体的文化架构或环境。构思—设计—实现—运行是整个产品、过程和系统生命周期的一个模型。

标准 1 作为构思、设计、实现、运作教育理念的方法论非常重要，强调的是载体及环境和知识与能力培养之间的关联，而不是具体的内容，对于这一关联原则的理解正确与否关系到实施 CDIO 的成败。构思、设计、实现、运作教育理念模式当然要通过具体的工程项目来学习和实践，但得到的结果应当是从具体工程实践中抽象出来的能力和方法；不论选取什么样的工程实践项目开展 CDIO 教学，其结果都应当是一样的，最终都是一般方法的获得和通用能力的提高，而不是局限于该项目所涉及的具体知识。这就是“做中学”的通识性本质。也就是说，工程实践的重点在于获得通

用能力和工程素质的提高，而不是某一工程领域和项目中所涉及的具体知识。通识教育的关键是要培养学生的各种能力，也就是要培养学生获得学习、应用和创新的能力，而不仅仅是传统意义上的基础学科理论及相关知识。工程教育要培养符合产业需要的具有通用能力和全面素质的工程人才，其教学必须面向和结合工程实践，能力的培养目标只有通过产学合作教育的机制和“做中学”的方法才能真正实现。

标准 2：学习效果。

学习效果就是学生经过培养后所获得的知识、能力和态度。构思、设计、实现、运作教育理念教学大纲中的学习效果，详细规定了学生毕业时应学到的知识和应具备的能力。除了技术学科知识的要求之外，也详列了个人、人际能力，以及产品、过程和系统建造能力的要求。其中，个人能力的要求侧重于学生个人的认知和情感发展；人际交往能力侧重于个人与群体的互动，如团队工作、领导能力及沟通。产品、过程和系统建造能力则考察在企业、商业和社会环境下的关于产品、过程和工程系统的构思、设计、实现与运行、设置具体的学习效果有助于确保学生取得未来发展的基础，学习效果的内容和熟练程度要通过主要利益相关者和组织的审查和认定。因此，构思、设计、实现、运作教育理念从产业的需求出发，在教学大纲的设计与培养目标的确定上，应与产业对学生素质和能力的要求逐项挂钩，否则教学大纲的设计将脱离产业界的需要，无法保障学生可获得应有的知识、技能和能力。

标准 3：一体化课程计划。

标准 3 要求建立和发展课程之间的关联，使专业目标得到多门课程的共同支持。这个课程计划，不仅让学生学到相互支持的各种学科知识，而且还应能在学习的过程中同时获取个人、人际交往能力，以及产品、过程和系统建造的能力（标准 2）。以往各门课程都是按学科内容各自独立，彼此很少关联，这并不符合 CDIO 一体化课程的标准，按照工程项目全生命周期的要求组织教、学、做，就必须突出课程之间的关联性，围绕专业目标进行系统设计，当各学科内容和学习效果之间有明确的关联时，就可以认为学科间是相互支持的。一体化课程的设置要求，必须打破教师之间、课程之间的壁垒，改变传统各自为政的做法，在一体化课程计划的设计上发挥积极作用，在各自的学科领域内建立本学科同其他学科的联系，并给学生创造获取具体能力的机会。

标准 4：工程导论。

导论课程通常是最早的必修课程中的一门课程，它为学生提供产品、过程和系统建造中工程实践所需的框架，并且引出必要的个人和人际交往能力，大致勾勒出一个工程师的任务和职责以及如何应用学科知识来完成这些任务。导论课程的目的是通过相关核心工程学科的应用来激发学生的兴趣，学习动机，为学生实现构思、设计、实现、运作教育理念教学大纲要求的主要能力发展提供一个较早的起步。

标准 5：设计实现的经验。

设计实现的经验是指以新产品和系统的开发为中心的一系列工程活动。设计实现的经验按规模、复杂度和培养顺序，可分为初级和高级两个层次，其结构和顺序是经过精心设计的，以构思—设计—实现—运作为主线，规模、复杂度逐步递增，这些都有要成为课程的一部分。因而，与课外科技活动不同，这一系列的工程活动要求每个学生都要参加，而不像是兴趣小组以自愿为原则。认识到这样的高度，实训环节的安排便有据可查，不是可有可无、可参加可不参加了。通过设计的项目实训，能够强化学生对产品、过程和系统开发的了解，更深入地理解学科知识。

当然，实践的项目最好来自产业第一线，因为来自一线的项目，包含有更多的实际信息，如管理、市场、顾客沟通和服务、成本、融资、团队合作等，是企业真正需要解决的问题，可以让学生在知识和能力得到提高的同时，技术之外的素质也得到提升。校企合作实施构思、设计、实现、运作教育理念、教学模式，必须开发和利用足够多的项目，才能保证大量学生的学习和训练。因此，除了“真刀真枪”的实战项目外，也可以采用一些企业做过的项目、学生自选的有意义的项目、有社会和市场价值的项目或其他来源的项目来设计一系列的工程活动，让学生在“做中学”。

标准 6：工程实践场所。

工程实践场所即学习环境，包括学习空间，如教室、演讲厅、研讨室、实践和实验场所等，这里提出的是学习环境设计的一个标准，要求能够做到支持和鼓励学生通过动手学习产品、过程和系统的建造能力，学习学科知识和社会学习。也就是说，在实践场所和实验室内，学生不仅可以自己动手学习，也可以相互学习、进行团队协作。新的实践场所的创建或现有实验室的改造，应该以满足这一首要功能为目标，场所的大小取决于专业规模和学校资源。

标准 7：一体化学习经验——集成化的教学过程。

标准 2 和标准 3 分别描述了课程计划和学习效果，这些必须有一套充分利用学生学习时间的教学方法才能实现。一体化学习经验就是这样一种教学方法，旨在通过集成化的教学过程，培养学科知识学习的同时，培养个人、人际交往能力，以及产品、过程和系统建造的能力。这种教学方法要求把工程实践问题和学科问题相结合，而不是像传统做法那样，把两者断然分开或者没进行实质性的关联。例如，在同一个项目中，应该把产品的分析、设计，以及设计者的社会责任融入练习中同时进行。

这种教学方法要在规定的时间内达到双重的培养目标：获得知识和培养能力。更进一步的要求是教师既能传授专业知识，又能传授个人的工程经验，培养学生的工程素质、团队工作能力、建造产品和系统的能力，使学生将教师作为职业工程师的榜样。这种教学方法，可以更有效地帮助学生把学科知识应用到工程实践中去，为达到职业工程师的要求做好更充分的准备。

集成化的教学标准要求知识的传递和能力的培养都要在教学实践中体现，在有限的学制时间内，这就需要处理好知识量和工程能力之间的关系。“做中学”战略下的构思、设计、实现、运作教育理念模式，以“项目”为主线来组织课程，以“用”导“学”，在集成化的教学过程中，突出项目训练的完整性，在做项目的过程中学习必要的知识，知识以必须、够用为度，强调自学能力的培养和应用所学知识解决问题的能力。

标准 8：主动学习。

基于主动经验学习方法的教与学。主动学习方法就是让学生致力于对问题的思考和解决，教学上重点不在被动信息的传递上，而是让学生更多地从事操作、运用、分析和判断概念。例如，在一些讲授为主的课程里，主动学习可包括合作和小组讨论、讲解、辩论、概念提问以及学习反馈等。当学生模仿工程实践进行如设计、实现、仿真、案例研究时，即可看作是经验学习。当学生被要求对新概念进行思考并必须做出明确回答时，教师可以帮助学生理解一些重要概念的关联，让他们认识到该学什么，如何学，并能灵活地将这个知识应用到其他条件下。这个过程有助于提升学生的学习能力，并养成终身学习的习惯。

标准 9：提高教师的工程实践能力。

这一标准提出，一个构思、设计、实现、运作教育理念专业应该采取专门的措施，提高教师的个人、人际交往能力，以及产品、过程和系统建造的能力，并且最好是在工程实践背景下提高这种能力。教师要成为学生心目中职业工程师的榜样，就应该具备如标准 3，4，5，7 所列出的能力。我们师资最大的不足是很多教师专业知识扎实，科研能力也很强，但实际工程经验和商业应用经验都很缺乏。当今技术创新的快速步伐，需要教师不断提高和更新自己的工程知识和能力，这样才能够为学生提供更多的案例，更好地指导学生的学习与实践。

提高教师的工程实践能力，可以通过如下几个途径：①利用学术假期到公司挂职；②校企合作，开展科研和教学项目合作；③把工程经验作为聘用和提升教师的条件；④在学校引入适当的专业开发活动。

教师工程能力的达标与否是实施构思、设计、实现、运作教育理念成败的关键，解决师资工程能力最为有效的途径是“走出去，请进来”校企合作模式，一方面，高校教师要到企业去接受工程训练、取得实际的工作经验；另一方面，学校要聘请有丰富工程背景经验的工程师兼职任教，使学生真正接触到当代工程师的榜样，获得真实的工程经验和能力。

标准 10：提高教师的教学能力。

这一标准提出，大学要有相应的教师进修计划和服务，采取行动，支持教师在综合性学习经验（标准 7）、主动和经验学习方法（标准 8）以及考核学生学习（标准 11）等方面的自身能力得到提高。既然构思、设计、实现、运作教育理念专业强调教学、学习和考核的重要性，就是必须提供足够的资源使教师在这些方面得到发展，如支持教师参与校内外师资交流计划，构建教师间交流实践经验的平台，强调效果评估和引进有效的教学方法等。

标准 11：学习考核——对能力的评价。

学生学习考核是对每个学生取得的具体学习成果进行度量。学习成果包括学科知识，个人、人际交往能力，产品、过程和系统建造能力等方面（标准 2）。这一标准要求，构思、设计、实现、运作教育理念的评价侧重于对能力培养的考查。考核方法多种多样，包括笔试和口试，观察学生表现，评定量表，学生的总结回顾、日记、作业卷案、互评和自评等。针对不同的学习效果，要配合相适应的考核方法，才能保证能力评价过程的合理性和有效性。例如，与学科专业知识相关的学习效果评价可以通过笔试和口试来进行；与设计—实现相关的能力的学习效果评价则最好通过实际观察记录来考察更为合适。采用多种考核方法以适合更广泛的学习风格，并增加考核数据的可考性和有效性，对学生学习效果的判定具有更高的可信度。

另外，除了考核方法要求是多样之外，评价者也应是多方面的，不仅仅要来自学校教师和学生群体，也要来自产业界，因为学生的实践项目多从产业界获得，对学生实践能力的产业经验的评价，产业工程师拥有最大的发言权。

构思、设计、实现、运作教育理念模式是能力本位的培养模式，本质上有别于知识本位的培养模式，其着重点在于帮助学生获得产业界所需要的各种能力和素质。因此，如果仍然沿用知识本位的评价方法和准则的话，基于构思、设计、实现、运作教育理念人才培养的教学改革就难免受到一些人的抨击，难以持续开展下去。因此，对各种能力和素质要给予客观准确的衡量，必须要有新的评价标准和方法，改变观念以适应构思、设计、实现、运作教育理念这种新的教育模式。

标准 12：专业评估。

专业评估是对构思、设计、实现、运作教育理念的实施进展和是否达到既定目标的一个总体判断，对照以上 12 条标准评估专业，并与继续改进为目的，向学生、教师和其他利益相关者提供反馈。专业总体评估的依据可通过收集课程评估、教师总结、新生和毕业生访谈、外部评审报告、对毕业生和雇主的跟进研究等，评估的过程也是信息反馈的过程，是持续改善计划的基础。

构思、设计、实现、运作教育理念的培养目标是符合国际标准的工程师，除了具备基本的专业素质和能力之外，还应具有国际视野，了解多元文化并有良好的沟通能力，能在不同地域与不同文化背景的同事共事，因此，联合国教科文组织产学合作教席提出了“做中学”、产学合作、国际化 3 个工程教育改革的战略，构思、设计、实现、运作教育理念作为“做中学”战略下的一种新的教育模式，很好地融汇了这 3 个战略的思想，虽然还有大量的理论和实践问题需要研究发展，但是在工程教育改革中已经显示出了强大的生命力。

第三节 计算机专业教学改革与研究的方向

当前高校计算机人才的培养目标、培养模式、课程体系、教学方法、评价方式等都无法适应业界的实际需求，专业教学改革势在必行。通过深入学习和领会杜威的“做中学”教育思想和构思、设计、实现、运作教育理念的先进做法，借鉴国际、国内兄弟院校的教学改革实践经验，结合自身实际情况，我们确定了以下几个教学改革与研究的方向。

一、适应市场需求，调整专业定位和培养目标

构思、设计、实现、运作教育理念的课程大纲与标准，对现代计算机人才必备的个体知识、人际交往能力和系统建构能力做出了详细规定，为计算机专业教育提供了一个普遍适用的人才培养目标基准，需要强调的是，这只是一个普遍的标准，是最基本的能力和素质要求。构思、设计、实现、运作教育理念模式是一个开放的系统，其本身就是通过不断的实证研究和实践探索总结出来的，并非一成不变。众所周知，MIT 等世界一流名校，他们的构思、设计、实现、运作教育理念模式是培养世界顶尖的工程人才，国内如清华大学等高校的 CDIO 模式改革也同样是针对顶尖工程人才培养的，是精英化的工程人才培养。社会需求是多样化的，需要精英化的工程人才，也需要大众化的工程人才。职业院校应根据社会多样化的需求，结合本地的经济发展情况、学校自身的办学条件、生源特点，明确自己的专业定位和培养目标，只有专业定位和培养目标准确了，后面的教育教学改革才不会偏离方向，才能取得成效。

某科技大学地处经济欠发达的西部地区，学校所在地虽然经济总量位于全区前茅，但与东部沿海发达地区的差距还是很大，IT 及相关产业的发展相对缓慢，起步低、规模小，企业对软件人才的要求更为现实，希望能招之即来，来之就能独当一面的高综合素质人才。一些职业院校的生源由于受教育条件和环境的限制，使得他们的视野和知识面相对都不够开阔，对行业领域不大了解，更缺少对专业学习的规划和认识，学什么、怎样学、将成为什么

样的一个人、毕业后能去哪里、能做什么等更需要专业的引导与明示。

计算机软件产业的蓬勃发展，无疑需要大量的相关从业人员，产业的竞争对人才的能力和素质提出了更高的要求。据麦可思中国大学生就业课题研究内容显示，软件工程专业近几年的平均薪酬水平都位于前茅。东部和沿海地区对毕业生的人才吸引力指数为67.3%，约两倍于中西部地区的人才吸引力指数32.3%，所以就业流向大部分是东部和沿海地区，中西部地区吸引和保留人才的能力都较弱，属于人才净流出地区。

针对行业发展对人才能力素质的需求，结合本地经济发展状况和学校办学条件，经过深入研究和探讨，我们确定了职业院校计算机专业的办学定位：立足本省、面向全国，培养在生产一线从事计算机系统的设计、开发、运用、检测、技术指导、经营管理的工程技术应用型人才。麦可思的调查显示，大学毕业生对就学地有着较高的就业偏好。因此我们立足于本省，服务于地方经济，同时向全国，特别是长三角、珠三角地区输送软件工程技术人才。

对照构思、设计、实现、运作教育理念的能力层次和指标体系，我们提炼出职业院校计算机专业的培养目标：培养具有良好的科学技术与工程素养，系统地掌握软件工程的基本理论、专业知识和基本技能与方法，受到严格的软件开发训练，能在软件工程及相关领域从事软件设计、产品开发和管理的高素质专门人才。

经过 3 年的学习培养，学生应该具有通识博雅的人格素质和终身多元的学习精神，具备务实致用的专业能力和开拓创新的竞争力，能成为适应产业需求的建设人才。随着高新技术的不断涌现，应用型技术人才培养目标必须通过市场调研，不断进行更新和调整，但万变不离其宗——能力和素质的提高。

二、修订专业培养计划，改革课程设置，更新教学内容

专业培养计划是人才培养的总体设计和实施蓝图，它根据人才培养目标和培养规格，制订了明确的知识结构和能力要求，设置了专业要求的课程体系，是专业教育改革的核心问题，对提高教育质量，培养合格人才有着举足轻重的作用。

近年来，软件工程的飞速发展，使软件工程理论和技术不断更新，高

校培养计划和课程体系不能适应这种变化的矛盾日益突出，因而高校人才培养方案的制定和调整必须把业界对人才培养的需求作为重要的依据，分析研究市场对软件人才的层次结构、就业去向、能力与素质等方面的具体要求，以及全球化和市场化所导致的人才需求走向等，以能力要求为出发点，以“必须、够用为度”，并兼顾一定的发展潜能，合理确定知识结构，面向学科发展，面向市场需求、面向社会实践修订专业培养计划。

课程设置必须跟上时代步伐，教学内容要能反映出软件开发技术的现状和未来发展的方向。职业院校计算机专业的课程设置，重基础和理论，学科知识面面俱到，不能体现出应用型技术人才培养的特点。因此，作为相关的专业教师，必须及时了解最新的技术发展动态，把握企业的实际需求，汲取新的知识，做到该开设什么课程、不应开设什么课程心中有数，对教材的选用应以学用结合为着眼点，根据实际需要选择。对于原培养计划中不再适应业界发展要求的课程要坚决排除，对于一些新思维、新技术、新运用的内容，要联合业界，加大课程开发，不断地更新完善课程体系。

在构思、设计、实现、运作教育理念理论框架下完善职业院校计算机专业培养计划的内容，合理分配基础科学知识、核心工程基础知识和高级工程基础知识的比重，设计出每门课程的具体可操作的项目，以培养学生的各种能力并非易事，正如标准 3 一体化的课程计划的规定，不仅让学生学到相互支持的各种学科知识，而且还应能在学习的过程中同时获取个人、人际交往能力，以及产品、过程和系统建造的能力。对培养计划和课程设置，必须深入地研究和探讨。

需要注意的是，在强调工程能力重要性的同时，构思、设计、实现、运作教育理念并不忽视知识的基础性和深度要求。构思、设计、实现、运作教育理念课程大纲所列的培养目标既包括专业基础理论，也包括实践操作能力；既包括个体知识、经验和价值观体系，也包括团队合作意识与沟通能力，体现出典型的通识教育价值理念。此外，应用型技术人才还应当有广泛的国际视野。通识教育是学生职业生涯发展后劲的基础，专业教育是学生职场竞争力的根本保证。

三、改进教学方法，创建“主导—主体”的教学模式

传统的课堂教学，以教师为中心，以教材讲授为主，学生被动接受知

识，抹杀了学生学习的自主性和创造性。基于对杜威“做中学”教育思想的理解，传统的教学方法必须改变，师生关系必须重构建。

在“做中学”教育思想指导下的构思、设计、实现、运作教育理念模式，强调的是教学应该从学生的现有生活经验出发，从自身活动中进行学习，教学过程应该就是“做”的过程。教育的一切措施要以学生从学生的实际出发，做到因材施教，以调动学生学习的积极性和主动性，即“以学为中心”。

构思、设计、实现、运作教育理念是基于工程项目全过程的学习，这个全过程要围绕学生的学展开，为学生创建主动学习的情境，促进主动学习的产生。在发挥学生主动性的同时，“做中学”并非否定教师的指导作用。相对传统课堂，师生关系、课堂民主都要发生重大的变化。

以学生为中心的“做中学”，是学生天然欲望的表现和真正兴趣所在，符合个体认知发展的规律，有利于构建和谐民主的师生关系，更能促进学习的发生。如何把这种教育理念转换为教育实践，关键是对两个问题的理解，一是如何诠释“以学生为中心”，二是何谓“教学民主”。

以学生为中心，不能笼统提及、泛泛而谈，这样不利于深入认识，也不利于实际操作，需要进一步明确以学生的什么为中心？杜威的以学生为中心，具体地讲是以学生的需要，特别是根本需要为中心，对大学生来说，他们的根本需要在于增进知识，提高能力和素质。以学生的根本需要为中心，那么“中心”二字又如何理解？从传统的以教师为中心到以学生为中心，高等教育的思想观念发生了重大变化，但是这个“中心”概念的转换常常引发一些操作上的误区。教学过程从教师一统天下，变为一盘散沙，“做中学”又饱受一些人的诟病，实际上，这是对杜威教育思想认识不到位的缘故。“中心”关系的确立，是教学过程中师生关系的重新确定，涉及另外一个概念——教学民主。

表面上看，教学民主无非是师生平等，是政治民主的教学化。然而，教学民主的真正核心在于学术民主，而不是教学过程中师生之间的社会学含义的民主，民主在教学中的具体指向就是学术。师生之间在学术地位上存在天然的不平等，因此在教学过程中的学术民主强调的是一种学术民主氛围的构建。

传统的课堂上，教师不仅是教学过程的控制者、教学活动的组织者、教学内容的制订者和学生学习成绩的评判者，而且是绝对的权威，这种师生关系形成不了教学民主的气氛。因此，教师要转变角色，从课堂的传授者转变为学习促进者，由课堂的管理者转变为学习的引导者，由居高临下的权威转向“平等中的首席”专家。这样一种教学民主氛围，有利于发挥教师的指导作用，又能充分发挥学生的主体作用。这就是“主导—主体”的教学模式。

四、改革教学实践模式，注重实践能力的培养

构思、设计、实现、运作教育理念的实践就是“做中学”，做“什么”才能让学生学到知识，获得能力的提升，这就需要改革教学实践模式，优化整合实践课程体系。

实践教学是整个教学体系中一个非常重要的环节，是理论知识向实践能力转换的重要桥梁。以往的实践课程体系，也认识到实践的重要性，但由于没有明确的改革指导思想，实践教学安排往往不能落实到位，大多数停留在验证性的层次上，与构思、设计、实现、运作教育理念的标准要求相差甚远。切实有效的实践教学体系，应根据构思、设计、实现、运作教育理念，将实验环节与计算机专业的整个生命周期紧密结合起来，参考构思、设计、实现、运作教育理念工程教育能力大纲的内容，以培养能力为主线，把各个实践教学环节，如实验、实习、实训、课程设计、毕业设计（论文）、大学生科技创新、社会实践等，通过合理的配置，以项目为载体，将实践教学的内容、目标、任务具体化。在实际操作的过程中，可将案例项目进行分解，按照通识教育、专业理论认知、专业操作技能和技术适应能力 4 个层次，由简单到复杂，由验证到应用，从单一到综合，由一般到提高，从提高到创新，循序渐进地安排实践教学内容，依次递进，3 年不间断地进行。合理配置、优化整合实践教学体系是一个复杂的过程，并非易事，需要在实践中不断地探索，也是职业院校计算机专业教育教学改革的重点和难点。

五、转变考核方式，改革考试内容，建立新的评价体系

专业教育教学改革的宗旨是培养综合素质高、适应能力强的业界需求人才。构思、设计、实现、运作教育理念对能力结构的 4 个层次进行了细

致的划分，涵盖了现代工程师应具有的科学和技术知识、能力和素质，所以主张不同的能力用不同的方式进行考核。针对不同类别的课程，结合构思、设计、实现、运作教育理念，设计考核与评价模型，建立多样化的考核方式，来实现对学生的自学能力、交流与沟通能力、解决问题能力、团队合作能力和创新能力等进行考核与评价。这些考核方式和评价模型的科学性、合理性是专业教育教学改革需要深入研究的一个方向。

考试内容是学生学习的导向，不能让学生出现重理论、轻实践或重实践、轻理论的两极倾向。因此，在考试内容上，不仅要求考核课程的基本理论、基本知识、基本技能的掌握情况，还要考核学生发现问题、分析问题、解决问题的综合能力和综合素质；在考试形式上，可以采取多种多样的方式进行，一切以能全面衡量学生知识掌握和能力水平为基准，使学生个性、特长和潜能有更大的发挥余地。如采取作业、综合作业、闭卷等多种方式，除了有理论考试，也要有实践型的机试，还可以以学生提交的作品为考核依据，建立以创造性能力考核为主，常规测试和实际应用能力与专业技术测试相结合的评价体系，促进学生创新能力的发展。

考什么，如何考？作为学生专业学习的终端检测，从某种意义上讲比教什么内容更为重要，因此一定要把好考核质量关，不能让一些考核方式流于形式，影响学风建设。多年来，专业课教学大多数是由任课教师自己出题自己考核，内容和方式有比较大的随意性，教学效果的好坏自己评说，因而教学质量的高低很大程度上取决于教师的责任心。如何建立一套课程考核与评价的监督机制又是一个值得深入思考的问题。

第四节　计算机专业教学改革研究策略与措施

杜威的“做中学”教育思想，为计算机专业教育改革解决了一个方法论的问题，在这个方法论基础上的构思、设计、实现、运作教育理念，为计算机教育改革的目标、内容以及操作程序提供了切实可行的指导意见。在推进专业的教育教学改革研究过程中，我们解放思想，放下包袱，根据实际情况，制定和落实各项政策和措施，为专业取得改革成效提供了一个根本保障。基于构思、设计、实现、运作教育理念模式的职业院校计算机专业的教育教学改革研究，是我们对各项教学工作进行梳理、反思和改进的一个过程。

一、更新教育理念，坚定办学特色

任何改革的成功都是从理念革新开始的，人才培养模式的改革和实践是教育思想和教育观念深刻变革的结果。经过组织学习，要求每一个参与者都要准确把握教学改革所依据的教育思想和理念，明确改革的目的和方向，坚定信念，这样才保证改革持续深入地开展。

构思、设计、实现、运作教育理念模式的大工程理念，强调密切联系产业，培养学生的综合能力，要达到培养目标最有效的途径就是“做中学”，即基于项目的学习，在这种学习方式中，学生是学习的主体，教师是学习情境的构造者，是学习的组织者、促进者，并作为学习伙伴中的首席，随时提供给学生学习帮助。教学组织和策略都发生了很大的变化，要求教师要有更高的专业知识和丰富的工程背景经验。构思、设计、实现、运作教育理念不仅仅强调工程能力的培养，通识教育也同等重要，“做中学”的“做”，并非放任自流，而是需要更有效的设计与指导，强调“做中学”，并不忽视“经验”的学习，也就是要处理好专业与基础、理论与实践的关系。只有清楚地认识到这些，教学改革才不会偏离既定的轨道。

随着我国高等教育大众化的发展，各类高等教育机构要形成明确合理的功能层次分工。地方职业院校应回归工程教育，坚持为地方经济服务，培养高级应用技术人才，在“培养什么样的人”和“怎样培养人”的问题上做出文章，办出特色。

二、完善教学条件，创造良好育人环境

在应用计算机专业的建设过程中，结合创新人才培养体系的有关要求，紧密结合学科特点，不断完善教学条件。

（1）重视教学基本设施的建设。多年来，通过合理规划，积极争取到学校投入大量资金，用于新建实验室和更新实验设备、建设专用多媒体教室、学院专用资料室。实验设备数量充足，教学基本设施齐全，才能满足教学和人才培养的需要。

（2）加强教学软环境建设。在现有专业实验教学条件的基础上，加大

案例开发力度，引进真实项目案例，建立实践教学项目库，搭建课程群实践教学环境。

（3）扩展实训基地建设范围和规模，办好“校内”“校外”实训基地，搭建大实训体系，形成“教学—实习—校内实训—企业实训”相结合的实践教学体系。

（4）加强校企合作，多方争取建立联合实验室，促进业界先进技术在教学中的体现，促进科研对教学的推动作用。

三、建立课程负责人制度，全方位推进课程建设和教材建设

本着夯实基础、强化应用、基于项目化教学的原则，根据培养目标要求，在构思、设计、实现、运作教育理念大纲的指导下，以学生个性化发展为核心，以未来职业需求为导向，大力推进课程建设和教材建设。针对计算机科学与技术专业所需的基础理论和基本工程应用能力，根据前沿性和时代性的要求，构建统一的公共基础课程和专业基础课程，作为专业通识教育学生必须具备的基本知识结构，为专业方向课程模块提供有效支撑，为学生后续学习各专业方向打下坚实的基础。

教材内容要紧扣专业应用的需求，改变“旧、多、深”的状况，贯穿“新、精、少”的原则，在编排上要有利于学生自主学习，着重培养学生的学习能力。一些院校为集中教学团队的师资优势，启动课程建设负责人项目，对课程建设的具体内容、规范做出明确要求，明确了课程建设的职责和经费投入。这些有益经验值得我们借鉴和学习。

四、加强教学研讨和教学管理，突出教法研究

教育教学改革各项政策与措施最终的落脚点在常规的课堂教学上，因此，加强教学研讨和教学管理，是解决教学问题、保证教学质量的根本途径。

定期召开教学研讨会，组织全体教师讨论制订课程教学要点，研究教学方法，针对教学中存在的突出问题，集思广益，解决问题。对于新担任教学任务的教师或者是新开设的课程，要求在开学之初必须面向全体教师做教学方案的介绍，大家共同探讨，共同提高。教学研讨的内容围绕教材、教学内容的选择、教学组织策略的制订等而展开，突出教法研究。

加强教学管理和制度建设，逐步完善学校、学院、教研室三级教学管

理体系，并建立教学过程控制与反馈机制。学校以国家和教育部相关法律、法规为依据，针对教师培训制度、教学管理制度、教学质量检查与评价制度、学生学籍管理制度以及学位评定制度等制定了一系列文件，并针对教学管理中出现的新情况、新问题，对教学管理相关文件作及时修订、完善和补充。教研室主任则具体负责每一门的落实情况，把各项规章制度贯穿到底。教学督导组常规的教学检查，每学期都要进行的教学期中检查，学生评教活动等有效地保证教学过程的控制，及时获取教学反馈，以便做出实时调整和改进。这些制度和措施，有效地保证了教学秩序的正常开展和教学质量提高。

五、加强教师实践能力培养，提高教师专业素质

要实现培养高质量计算机专业应用型人才的目标，应该以现任专业教师为基础，建立一支素质优良、结构合理的“双师型”师资队伍。除了不拘一格引进或聘用具有丰富工程经验的“双师型”教师之外，我们同时还采取有力措施，鼓励和组织教师参加各类师资培训、学术交流活动，努力提高师资队伍的业务水平和工程能力，不断更新和拓展计算机专业知识，提高专业素养。鼓励教师积极关注学校发展过程中与计算机相关项目的实施，积极争取学校支持，尽可能把这些与计算机相关的项目放在学校内部立项、实施。这些可以为老师和学生提供一次实践锻炼的机会，降低计算机软件开发成本，方便计算机软件的维护。

另外，还要有计划地安排教师到计算机软件企业实践，了解行业管理知识和新技术发展动态，积累软件开发经验，努力打造“双师型”教师队伍。教师们将最新的计算机软件技术和职业技能传授给学生，指导学生进行实践，才能培养学生实践创新能力。

六、深度开展校企合作，规范完善实训工作的各项规章制度

近年来，一些职业院校积极开展产学合作、校企合作，充分发挥企业在人才培养上的优势，共同合作培养合格的计算机应用型技术人才。学校根据企业需求调整专业教学内容，引进教学资源，改革课程模块，使用案例化教材，开展针对性人才培养；企业共同参与制定实践培养方案，提供典型应用案例，选派具有软件开发经验的工程师指导实践项目；由企业工

程师开设职业素养课，帮助学生了解行业动态，拓宽专业视野，提高职业素养，树立正确的学习观和就业观。与企业共建实习基地，让学生感受企业文化，使学生把所学的知识与生产实践相结合，获得工作经验，完成从学生到员工的角色过渡，企业从中培养适合自己的人才。

在与企业进行深度合作的过程中，各种各样的、预想到和未预想到的事情都会发生，为保证实训质量正常持续地开展下去，防患于未然，一些职业院校特别成立软件实训中心，专门负责组织和开展实训工作，制定和规范完善各项实训工作的规章制度及文档，如《软件工程实训方案》《学院实训项目合作协议》《软件工程专业应急预案》《毕业设计格式规范》等，就连巡查情况汇报、各种工作记录登记表等都做了规范要求。这些制度和要求的出台，为校企合作，深入开展实训工作，保证实训效果，培养工程型高素质人才起到了保驾护航的作用。

第三章　计算机专业课程改革与建设

计算机专业相对于冶金、化工、机械、数理等传统专业来说是一个比较新的专业，也是目前社会需求比较大的一个专业。但由于知识结构不完全稳定、专业内容变化快、新的理论和技术不断涌现等原因，使得本专业具有十分独特的一面：知识更新快，动手能力强。也许正因为如此，本专业的学生在经过 3 年的学习后，有一部分知识在毕业时就会显得有些过时，从而导致学生难以快速适应社会的要求，难以满足用人单位的需要。

目前，从清华、北大等一流大学到一般的地方工科院校，几乎都开设了计算机专业，甚至只要是一所学校，不管什么层次，都设有计算机类的专业。由于各校的师资力量、办学水平和能力差别很大，因此培养出来的学生的规格档次自然也不一样。但纵观我国各高校计算机专业的教学计划和教学内容不难发现，几乎所有高校的教学体系、教学内容和培养目标都差不多，这显然是不合理的，各个学校应针对自身的办学水平进行目标定位和制订相应的教学计划、确定教学体系和教学内容，并形成自己的特色。

职业院校作为培养应用型人才的主要阵地，其人才培养应走出传统的“精英教育”办学理念和“学术型”人才培养模式，积极开拓应用型教育，培养面向地方、服务基层的应用型创新人才。计算机专业并非要求知识的全面系统，而是要求理论知识与实践能力的最佳结合，根据经济社会的发展需要，培养大批能够熟练运用知识、解决生产实际问题、适应社会多样化需求的应用型创新人才。基于此，根据职业院校的办学特点，结合社会人才需求的状况，一些职业院校对计算机专业的人才培养进行了重新定位，并调整培养目标、课程体系和教学内容，以培养出适应市场需求的应用型技术人才。

第一节　人才培养模式与培养方案改革

随着我国市场经济的不断完善和科技文化的快速发展，社会各行各业需要大批不同规格和层次的人才。高等教育教学改革的根本目的是“为了提高人才培养的质量，提高人才培养质量的核心就是在遵循教育规律的前提下，改革人才培养模式，使人才培养方案和培养途径更好地与人才培养目标及培养规格相协调，更好地适应社会的需要”。

所谓人才培养模式，就是造就人才的组织结构样式和特殊的运行方式。人才培养模式包括人才培养目标、教学制度、课程结构和课程内容、教学方法和教学组织形式、校园文化等诸多要素。人才培养没有统一的模式。就大学组织来说，不同的大学，其人才培养模式具有不同的特点和运行方式。市场经济的发展要求高等教育能培养更多的应用型人才。所谓应用型人才是指能将专业知识和技能应用于所从事的专业社会实践的一种专门的人才类型，是熟练掌握社会生产或社会活动一线的基础知识和基本技能，主要从事一线生产的技术或专业人才。

应用型人才培养模式的具体内涵是随着高等教育的发展而不断发展的，“应用型人才培养模式是以能力为中心，以培养技术应用型专门人才为目标的”。应用型人才培养模式是根据社会、经济和科技发展的需要，在一定的教育思想指导下，人才培养目标、制度、过程等要素特定的多样化组合方式。

从教育理念上讲，应用型人才培养应强调以知识为基础，以能力为重点，知识能力素质协调发展。具体培养目标应强调学生综合素质和专业核心能力的培养。在专业方向、课程设置、教学内容、教学方法等方面都应以知识的应用为重点，具体体现在人才培养方案的制定上。

人才培养方案是高等学校人才培养规格的总体设计，是开展教育教学活动的重要依据。随着社会对人才需要的多元化，高等学校培养何种类型与规格的学生，他们应该具备什么样的素质和能力，主要依赖于所制定的培养方案，并通过教师与学生的共同实践来完成。随着高等教育教学改革的不断深入，人才培养的方法、途径、过程都在悄然变化，各校结合市场需要规格的变化，都在不断调整培养目标和培养方案。

传统的、单一的计算机科学与技术专业厚基础、宽口径教学模式，实际上只适合于精英式教育，与现代多规格人才需求是不相适应的。随着信息化社会的发展，市场对计算机专业毕业生的能力素质需求是具体的、综合的、全面的，用人单位更需要的是与人交流沟通能力（做人）、实践动手能力（做事）、创新思维及再学习能力（做学问）。同时，以创新为生命的 IT 业，可能比所有其他行业对员工的要求更需要创新、更需要会学习。IT 技术的迅猛发展，不可能以单一技术“走遍江湖”，只有与时俱进，随时更新自己的知识，才能有竞争力，才能有发展前途。

计算机专业应用型人才培养定位于在生产一线从事计算机应用系统的设计、开发、检测、技术指导、经营管理的工程技术型和工程管理型人才。这就需要学生具备基本的专业知识，能解决专业一般问题的技术能力，具有沟通协作和创新意识的素养。

为适应市场需求，达到培养目标，某职业院校提出人才培养方案优化思路：以更新教学理念为先导，以培养学生获取知识、解决问题的能力为核心，以优化教学内容、整合课程体系为关键，以课程教学组织方式改革为手段，以多元化、增量式学习评价为保障，以学生知识、能力、素质和谐发展，成为社会需要的合格人才为目的。

基于以上优化思路，在有企业人士参与评审、共建的基础上，某职业院校从几个方面对计算机专业的人才培养方案进行了改革。

一、科学地构建专业课程体系

从社会对计算机专业人才规格的需求入手，重新进行专业定位、划分模块、课程设置；从全局出发，采取自顶向下、逐层依托的原则，设置选修课程、模块课程体系、专业基础课程，确保课程结构的合理支撑；整合课程数，或去冗补缺，或合并取精，优化教学内容，保证内容的先进性与实用性；合理安排课时与学分，充分体现课内与课外、理论与实践、学期与假期、校内与校外学习的有机融合，使学生获得自主学习、创新思维、个性素质等协调发展的机会。

（一）设置了与人才规格需求相适应的、较宽泛的选修课程平台

有22/50的大量选修课程，提供了与市场接轨的训练平台，为学生具备多种工作岗位的素质要求打下基础。如软件外包、行业沟通技巧、流行的J2EE、.NET开发工具、计算机新技术专题等。

（二）设置了人才需求相对集中的5个专业方向

①软件开发技术（C/C++方向）；②软件开发技术（JAVA方向）；③嵌入式方向；④软件测试方向；⑤数字媒体方向。每一方向有7门课程，自成体系，方向分流由原来的3年级开始，提前到2年级下学期，以增强学生的专业意识，提高专业能力。

（三）更新了专业基础课程平台

去冗取精，适当减少了线性代数、概率与数理统计等数学课程的学分，要求教学内容与专业后续所需相符合；精简了公共专业基础课程平台，将部分与方向结合紧密的基础课程放入了专业方向课程之中，如电子技术基础放入了嵌入式技术模块；增加了程序设计能力培养的课程群学分，如程序设计基础、数据结构、面向对象程序设计等。从学分与学时上减少了课堂教学时间，增大了课外自主探索与学习时间，以便更好地促进学生自主学习、合作讨论和创新锻炼。

二、优化整合实践课程体系，以培养学生专业核心能力为主线

根据当地发展对计算机专业学生能力的需求来设计实践类课程。为了更好地培养学生专业基本技能、专业实用能力及综合应用素质，在原有的实践课程体系基础上，除了加大独立实训和课程设计外，上机或实验比例大大增加，仅独立实践的时间就达到46周，加上课程内的实验，整个计划的实践教学比例高达45%左右。而且在实践环节中强调以综合性、设计性、工程性、复合性的“项目化”训练为主体内容。

三、重新规划素质拓展课程体系

素质拓展体系是实践课程体系的课外扩充，目的是培养学生参与意识、创新能力、竞争水平。在原有的社会实践、就业指导基础上，结合专业特点，设计了依托学科竞赛和专业水平证书认证的各种兴趣小组和训练班，如全国软件设计大赛训练班、动漫设计兴趣小组、多媒体设计兴趣班、软

件项目研发训练梯队等，为学生能够参与各种学科竞赛、获取专业水平认证、软件项目开发等提供平台，为学生专业技术水平拓展、团队合作能力训练、创新素质培养提供了机会。

四、加强培养方案的实施与保障

人才培养方案制定后，如何实施是关键。为了保证培养方案的有效实施，要加强以下几方面的保障。

（一）加强师资队伍建设

培养高素质应用型人才，首先需要高素养、“双师型”的师资队伍。教师不仅能传授知识，能因材施教，教书育人，而且要具有较强的工程实践能力，通过参加科研项目、工程项目，以提高教育教学能力。为此，学校、学院制定了一系列的科研与教学管理规章制度和奖励政策，积极组建学科团队、教学团队及项目组，加强教师之间的合作，激励其深入学科研究、加强教学改革。

（二）注重课程及课程群建设的研究

课程建设是教学计划实施的基本单元，主要包括课程内容研究、实验实践项目探讨、课程网站及资源库建设、教材建设等。目前，基于区、校级精品课程与重点课程的建设，已经对计算机导论、程序设计基础、数据结构、数据库技术、软件工程等基础课程实施研究，以课程或课程群为单位，积极开展研究研讨活动，形成了有实效、能实用的教学内容、实验和实践项目，建设了配套资源库和课程网站，建设多种版本的教材，包括有区级重点建设教材和国家“十二五”规划教材。下一步由基础课程向专业课程推进，促进专业所有相关课程或课程群的建设研究。

（三）改革教学组织形式与教学方法

传统的以课堂为教学阵地，以教师为教学主体的教学组织形式，不适合于信息时代的教育规律。课堂时间是短暂的，教师个人的知识是有限的，要想掌握蕴涵大量学科知识的信息技术，只有学习者积极参与学习过程，养成自主获取知识的良好习惯，通过小组合作讨论发现问题、解决问题、提高能力，即合作性学习模式。本专业目前已经在计算机导论、软件工程等所有专业基础课、核心课中实施了合作式的教学组织形式，师生们转变了教学理念，积极参与教学过程，多方互动，教学相长，所取得的经验正逐步推广到专业其他课程中去。

（四）加强实践教学，进一步深化“项目化”工程训练

除了必备的基本理论课以外，所有专业课程都有配套实验，而且每门实验必须有综合性实验内容。结合课程实验、课程设计、综合实训、毕业实习、毕业设计等，形成了基于能力培养的有效的实践课程体系。依托当地新世纪教育教学改革项目的建设，大部分实践课程实施了“项目化”管理，引入了实际工程项目为内容，严格按照项目流程运作和管理，学生不仅将自己的专业知识应用到实际，得到了“真实”岗位角色的训练，团队合作、与用户沟通的真实体验，而且收获了劳动成果。

（五）构建多元化评价机制

基于合作性学习模式的评价机制，是多元评价主体之间积极的相互依赖、面对面的促进性互动、个体责任、小组技能的有机结合。具体体现在学生自我评价、小组内部评价、教师团队评价、项目用户评价等，注重参与性、过程性，具有增量式、成长性，是因材施教、素质教育的保障。这种评价方式已经在本专业所有“项目化”训练的实践课程中、在基于合作式学习课程中实施。学生反馈信息表明，这种评价比传统的、单一的知识性评价更科学合理，他们不仅没有了应付性的投机取巧心理，而且对学习有兴趣、主动参与，学习能力和综合素质自然就提高了。这种评价机制正逐步在所有课程中推广应用。

第二节　课程体系设置与改革

一、课程体系的设置

课程体系设置得科学与否，决定着人才培养目标能否实现。如何根据经济社会发展和人才市场对各专业人才的真实要求，科学合理地调整各专业的课程设置和教学内容，建构一个新型的课程体系，一直是我们努力探索、积极实践的核心。各高校计算机专业将课程体系的基本取向定位为强化学生应用能力的培养和训练。某高等院校借鉴国内外名校和兄弟院校课程体系的优点，重新设计计算机专业的课程体系。

本专业的课程设置体现了能力本位的思想，体现了以职业素质为核心的全面素质教育培养，并贯穿于教育教学的全过程。教学体系充分反映职业岗位资格要求，以应用为主旨和特征构建教学内容和课程体系；基础理论教学以应用为目的，以“必须、够用”为度，加大实践教学的力度，使全部专业课程的实验课时数达到该课程总时数的 30%以上；专业课程教学加强针对性和实用性，教学内容组织与安排融知识传授、能力培养、素质教育于一体，针对专业培养目标，进行必要的课程整合。

（一）遵循 CCSE 规范要求按照初级课程、中级课程和高级课程部署核心课程

①初级课程解决系统平台认知、程序设计、问题求解、软件工程基础方法、职业社会、交流组织等教学要求，由计算机学科导论、高级语言程序设计、面向对象程序设计、软件工程导论、离散数学、数据结构与算法等 6 门课程组成。②中级课程解决计算机系统问题，由计算机组成原理与系统结构、操作系统、计算机网络、数据库系统等 4 门课程组成。③高级课程解决软件工程的高级应用问题，由软件改造、软件系统设计与体系结构、软件需求工程、软件测试与质量、软件过程与管理、人机交互的软件工程方法、统计与经验方法等内容组成。

（二）覆盖全软件工程生命周期

①在初级课程阶段，把软件工程基础方法与程序设计相结合，体现软件工程思想指导下的个体和小组级软件设计与实施。②在高级课程阶段，覆盖软件需求、分析与建模、设计、测试、质量、过程、管理等各个阶段，并将其与人机交互的领域相结合。

（三）以软件工程基本方法为主线改造计算机科学传统课程

①把从数字电路、计算机组成、汇编语言、I/O 例程、编译、顺序程序设计在内的基本知识重新组合，以 C/C++语言为载体，以软件工程思想为指导，设置专业基础课程。②把面向对象方法与程序设计、软件工程基础知识、职业与社会、团队工作、实践等知识融合，统一设计软件工程及其实践类的课程体系。

（四）改造计算机科学传统课程以适应软件工程专业教学需要

除离散数学、数据结构与算法、数据库系统等少量课程之外，进行了如下改革：①更新传统课程的教学内容，具体来说：精简操作系统、计算

机网络等课程原有教学内容，补充系统、平台和工具；以软件工程方法为主线改造人机交互课程；强调统计知识改造概率统计为统计与经验方法。②在核心课程中停止部分传统课程，具体来说：消减硬件教学，基本认知归入“计算机学科导论”和“计算机组成原理与系统结构”（对于嵌入式等方向针对课程群予以补充强化）；停止“编译原理”，基本认知归入计算机语言与程序设计，基本方法归入软件构造；停止“计算机图形学”（放入选修课）；停止传统核心课程中的课程设计，与软件工程结合归入项目实训环节。

（五）课程融合

把职业与社会、团队工作、工程经济学等软技能知识教学与其他知识教育相融合，归入软件工程、软件需求工程、软件过程与管理、项目实训等核心课程。

（六）强调基础理论知识教学与企业需求的辩证统一

基础理论知识教学是学生可持续发展的自学习能力的基本保障，是软件产业知识快速更新的现实要求，对业界工作环境、方法与工具的认知是学生快速融入企业的需要。因此，课程体系、核心课程和具体课程设计均须体现两者融合的特征，在强化基础的同时，有效融入企业界主流技术、方法和工具。

在现有的基础上，进一步完善知识、能力和综合素质并重的应用型人才的培养方案，引进、吸收国外先进教学体系，适应国际化软件人才培养的需要。创新课程体系，加强教学资源建设，从软硬两方面改善教学条件，将企业项目引进教学课程。加大实践教学学时比例，使实验、实训比例达到 1/3 以上，以项目为驱动实施综合训练。

二、课程体系的模块化

在本专业的课程体系建设中，结合就业需求和计算机专业教育的特点，打破传统的“三段式”教学模式，建立了由基本素质教育模块、专业基础模块和专业方向模块组成的模块化课程体系。

（一）基本素质模块

基本素质模块涵盖了知法守法用法能力、语言文字能力、数学工具使用能力、信息收集处理能力、思维能力、合作能力、组织能力、创新能力以及身体素质、心理素质等诸多方面的教育，教学目标是重点培养学生的人文基础素质、自学能力和创新创业能力，主要任务是教育学生学会做人。基本素质模块应包含数学模块、人文模块、公共选修模块、语言模块、综合素质模块等。

（二）专业基础模块

专业基础模块主要是培养学生从事某一类行业（岗位群）的公共基础素质和能力，为学生的未来就业和终身学习打下牢固的基础，提高学生的社会适应能力和职业迁移能力。专业基础模块课程主要包含专业理论模块、专业基本技能模块和专业选修模块。具体来讲，专业理论模块包含：计算机基础、程序设计语言、数据结构与算法、操作系统、软件工程和数据库技术基础等课程；专业基本技能模块包括网络程序设计、软件测试技术 Java 程序设计、人机交互技术、软件文档写作等课程。

专业基础模块课程的教学可以实行学历教育与专业技术认证教育的结合，实现双证互通。如结合全国计算机等级考试、各专业行业认证等，使学生掌握从事计算机各行业工作所具备的最基本的硬件、软件知识，而且能使学生具备专业最基本的技能。

（三）专业方向模块

专业方向模块主要是培养学生从事某一项具体的项目工作，以培养学生直接上岗能力为出发点，实现本科教育培养应用性、技能性人才的目标。如果说专业基础模块注重的是从业未来及其变化因素，强调的是专业宽口径，就业定向模块则注重就业岗位的现实要求，强调的是学生的实践能力。掌握一门乃至多门专业技能是提高学生就业能力的需要。

专业方向模块课程主要包括专业核心课程模块、项目实践模块、毕业实习等，每个专业的核心专业课程一般为 5～6 门组成，充分体现精而专、面向就业岗位的特点。

第三节　实践教学

实践是创新的基础，实践教学是教学过程中的重要环节，而实验室则是学生实践环节教学的主要场所。构建科学合理培养方案的一个重要任务是要为学生构筑一个合理的实践教学体系，并从整体上策划每个实践教学环节。应尽可能为学生提供综合性、设计性、创造性比较强的实践环境，使每个大学生在 3 年中能经过多个实践环节的培养和训练，这不仅能培养学生扎实的基本技能与实践能力，而且对提高学生的综合素质大有好处。

实验室的实践教学，只能满足课本内容的实习需要，但要培养学生的综合实践能力和适应社会时常需求的动手能力，必须让学生走向社会，到实际工作中去锻炼、去提高、去思索，这也是职业院校学生必须走出的一步，是学生必修的一课。某职业院校就实践教学提出了自己的规划与安排，可供我们借鉴。

一、实践教学的指导思想与规划

在实践教学方面，努力践行“卓越工程人才”培养的指导思想具体用“一个教学理念、两个培养阶段、三项创新应用、四个实训环节、五个专业方向、八条具体措施”来加以概括：

（一）一个教学理念

即确立工程能力培养与基础理论教学并重的教学理念，把工程化教学和职业素质培养作为人才培养的核心任务之一，通过全面改革人才培养模式、调整课程体系、充实教学内容、改进教学方法，建立软件工程专业的工程化实践教学体系。

（二）两个培养阶段

即把人才培养阶段划分为工程化教学阶段和企业实训阶段。在工程教学阶段，一方面对传统课程的教学内容进行工程化改造，另一方面根据合格软件人才所应具备的工程能力和职业素质专门设计了 4 门阶梯状的工程实践学分课程，从而实现了课程体系的工程化改造。在实习阶段，要求学生参加半年全时制企业实习，在真实环境下进一步培养学生的工程能力和职业素质。

（三）三项创新应用

（1）运用创新的教学方法。采用双语教学、实践教学和现代教育技术，重视工程能力、写作能力、交流能力、团队能力等综合素质的培养。

（2）建立新的评价体系。将工程能力和职业素质引入人才素质评价体系，将企业反馈和实习生/毕业生反映引入教学评估体系，以此指导教学。

（3）以工程化理念指导教学环境建设。通过建设与业界同步的工程化教育综合实验环境及设立实习基地，为工程实践教学提供强有力的基础设施支持。

（4）针对合格的工程化软件设计人才所应具备的个人开发能力、团队开发能力、系统研发能力和设备应用能力，设计了 4 个阶段性的工程实训环节：

①程序设计实训：培养个人级工程项目开发能力。

②软件工程实训：培养团队合作级工程项目研发能力。

③信息系统实训：培养系统级工程项目研发能力。

④网络平台实训：培养开发软件所必备的网络应用能力。

（5）提出五个专业实践方向。

①软件开发技术（C/C ++方向）。

②软件开发技术（JAVA 方向）。

③嵌入式方向。

④软件测试方向。

⑤数字媒体方向。

（6）八条具体措施。

①聘请软件企业的资深工程师，开设软件项目实训系列课程。例如，将若干学生组织成一个项目开发团队，学生分别担任团队成员的各种职务，在资深工程师的指导下，完成项目的开发，使学生真实地体会到了软件开发的全过程。在这个过程中，多层次、多方向地集中、强化训练，注重培养学生实际应用能力。另外，引入暑期学校模式，强调工程实践，采用小班模式进行教学安排。

②创建校内外软件人才实训基地。学院积极引进软件企业提供实训教师和真实的工程实践案例，学校负责基地的组织、协调与管理的创新合作模式，强化学生工程实践能力的培养。安排学生到校外软件公司实习实训，在实践中学习和提高能力，同时通过实训能快速积累经验，适应企业的需要。

③要求每个学生在实训基地集中实训半年以上。在颇具项目开发经验的工程师的指导下，通过最新软件开发工具和开发平台的训练以及实际的大型应用项目的设计，提高学生的程序设计和软件开发能力。另外，实训基地则对学生按照企业对员工的管理方式进行管理（如上下班打卡、佩戴

员工工作牌、团队合作等），使学生提前感受到企业对员工的要求，在未来择业、就业以及工作中能够比较迅速地适应企业的文化和规则。

④引进战略合作机构，把学生的能力培养和就业、学校的资源整合、实训机构的利益等捆绑在一起，形成一个有机的整体，弥补高校办学的固有缺陷（如师资与设备不足、市场不熟悉、就业门路窄、项目开发经验有欠缺等），开拓一个全新的办学模式。

⑤加强实训中心的管理，在实验室装备和运行项目管理、支持等方面探索新的思路和模式，更好地发挥实训中心的功能和作用。

⑥在课程实习、暑假实习和毕业设计等环节进行改革，探索高效的工程训练内容设计、过程管理新机制。做到“走出去”（送学生到企业实习）和“请进来”（将企业好的做法和项目引进到校内）相结合的新路子。

⑦办好“校内”“校外”两个实训基地建设，在校内继续凝练、深化“校内实习工厂”的建设思路，并和软件公司建设校外实训基地。

⑧加强第二课堂建设，同更多的企业共建学生第二课堂。学院不仅提供专门的场地，而且提供专项经费支持学生的创新性活动和工程实践活动。加大学生科技立项和科技竞赛等的组织工作，在教师指导、院校两级资金投入方面进行建设，做到制度保证。

要强化学生理论与实践相结合的能力，就必须形成较完备的实践教学体系。将实践教学体系作为一个系统来构建，追求系统的完备性、一致性、健壮性、稳定性和开放性。

按照人才培养的基本要求，教学计划是一个整体。实践教学体系只能是整体计划的一部分，是一个与理论教学体系有机结合的、相对独立的完整体系。只有这样，才能使实践教学与理论教学有机结合，构成整体。

计算机专业的基本学科能力可以归纳为计算思维能力、算法设计与分析能力、程序设计与实现能力、系统能力。其中的系统能力是指计算机系统的认知、分析、开发与应用能力，也就是要站在系统的观点上去分析和解决问题，追求问题的系统求解，而不是被局部的实现所困扰。

要努力树立系统观，培养学生的系统眼光，使他们学会考虑全局、把握全局，能够按照分层模块化的基本思想，站在不同的层面上去把握不同层次上的系统；要多考虑系统的逻辑，强调设计。

实践环节不是零散的一些教学单元，不同专业方向需要根据自身的特点从培养创新意识、工程意识、工程兴趣、工程能力或者社会实践能力出发，对实验、实习、课程设计、毕业设计等实践性教学环节进行整体、系统的优化设计，明确各实践教学环节在总体培养目标中的作用，把基础教育阶段和专业教育阶段的实践教学有机衔接，使实践能力的训练构成一个体系，与理论课程有机结合，贯彻于人才培养的全过程。

追求实验体系的完备、相对稳定和开放，体现循序渐进的要求，既要有基础性的验证实验，还要有设计性和综合性的实验和实践环节。在规模上，要有小、中、大；在难度上，要有低、中、高。在内容要求上，既要有基本的，还要有更高要求，通过更高要求引导学生进行更深入的探讨，体现实验题目的开放性。这就要求内容：既要包含硬件方面的，又要包含软件方面的；既要包含基本算法方面的，又要包含系统构成方面的；既要包含基本系统的认知、设计与实现，又要包含应用系统的设计与实现；既要包含系统构建方面的，又要包含系统维护方面的；既要包含设计新系统方面的，又要包含改造老系统方面的。

从实验类型上来说，需要满足人们认知渐进的要求，要含有验证性的、设计性的、综合性的。要注意各种类型的实验中含有探讨性的内容。

从规模上来说，要从小规模的开始，逐渐过渡到中规模、较大规模上。关于规模的度量，就程序来说大体上可以按行计。小规模的以十计，中规模的以百计，较大规模的以千计。包括课外的训练在内，从一年级到三年级，每年的程序量依次大约为 5 000 行、1 万行、1.5 万行。这样，通过 3 年的积累，可以达到 2.5 万行的程序量。作为最基本的要求，至少应该达到 2 万行。

二、实践体系的设计与安排

总体上，实践体系包括课程实验、课程设计、毕业设计和专业实习 4 大类，还有课外和社会实践活动。在一个教学计划中，不包括适当的课外自习学时，其中课程实验至少 14 学分，按照 16 个课内学时折合 1 学分计算，共计 224 个课内学时；另外综合课程设计 4 周、专业实习 4 周、毕业实习和设计 16 周，共计达到 24 周。按照每周 1 学分，折合 24 学分。

（一）课程实验

课程实验分为课内实验和与课程对应的独立实验课程。他们的共同特征是对应于某一门理论课设置。不管是哪一种形式，实验内容和理论教学内容的密切相关性要求这类实验是围绕着课程进行的。

课内实验主要用来使学生更好地掌握理论课上所讲的内容。具体的实验也是按简单到复杂的原则安排的，通常和理论课的内容紧密结合就可以满足此要求。在教学计划中实验作为课程的一部分出现。

（二）课程实训、阶段性实训与项目综合实训

课程实训是指和课程相关的某项实践环节，更强调综合性、设计性。无论从综合性、设计性要求，还是从规模上讲，课程实训的复杂度都高于课程实验。特别是课程实训在于引导学生迈出将所学的知识用于解决实际问题的第一步。

课程实训可以是一门课程为主的，也可以是多门课程综合的，统称为综合实训。综合实训是将多门课程所相关的实验内容结合在一起，形成具有综合性和设计性特点的实验内容。综合课程设计一般为单独设置的课程，其中课堂教授内容仅占很少部分的学时，大部分课时用于实验过程。

综合实训在密切学科课程知识与实际应用之间的联系，整合学科课程知识体系，注重系统性、设计性、独立性和创新性等方面具有比单独课内实验更有效和直接的作用。同时还可以更有效地充分利用现有的教学资源，提高教学效益和教育质量。

综合实训不仅强调培养学生具有综合运用所学的多门课程知识解决实际问题的能力，更加强调系统分析、设计和集成能力，以及强化培养学生的独立实践能力和良好的科研素质。

各个方向也可以有一些更为综合的课程实训。课程实训可以集中地安排在 1～2 周完成，也可以根据实际情况将这 1～2 周的时间分布到一个学期内完成。更大规模的综合实训可以安排更长的时间。

（三）专业实习

专业实习可以有多种形式：认知实习、生产实习、毕业实习、科研实习等，这些环节都是希望通过实习，让学生认识专业、了解专业，不过各有特点，各校实施中也各具特色。

通常实习在于通过让学生直接接触专业的生产实践活动，真正能够了解、感受未来的实际工作。计算机科学与技术专业的学生，选择 IT 企业、大型研究机构等作为专业实习的单位是比较恰当的。

根据计算机专业的人才培养需要建设相对稳定的实习基地。作为实践

教学环节的重要组成部分，实习基地的建设起着重要的作用。实习基地的建设要纳入学科和专业的有关建设规划，定期组织学生进入实习基地进行专业实习。

学校定期对实习基地进行评估，评估内容包括接收学生的数量、提供实习题目的质量、管理学生实践过程的情况、学生的实践效果等。

实习基地分为校内实习基地和校外实习基地两类，它们应该各有侧重，相互补充，共同承担学生的实习任务。

（四）课外和社会实践

将实践教学活动扩展到课外，可以进一步引导学生开展广泛的课外研究学习活动。

对有条件的学校和学有余力的学生，鼓励参与各种形式的课外实践，鼓励学生提出和参与创新性题目的研究。主要形式包括：①高年级学生参与科研；②参与 ACM 程序设计大赛、数学建模、电子设计等竞赛活动；③科技俱乐部、兴趣小组、各种社会技术服务等；④其他各类与专业相关的创新实践。

教师要注意给学生适当的引导，特别要注意引导学生不断地提升研究问题的层面，面向未来，使他们打好基础，培养可持续发展的能力。反对只注意让学生“实践”而忽视研究，总在同一个水平上重复。

课外实践应有统一的组织方式和相应指导教师，其考核可视不同情况依据学生的竞赛成绩、总结报告或与专业有关的设计、开发成果进行。

社会实践的主要目的是让学生了解社会发展过程中与计算机相关的各种信息，将自己所学的知识与社会的需求相结合，增加学生的社会责任感，进一步明确学习目标，提高学习的积极性，同时也取得服务社会的效果。社会实践具体方式包括：①组织学生走出校门进行社会调查，了解目前计算机专业在社会上的人才需求、技术需求或某类产品的供求情况；②到基层进行计算机知识普及、培训、参与信息系统建设；③选择某个专题进行调查研究，写出调查报告等。

（五）毕业设计

毕业设计（论文）环节是学生学习和培养的重要环节，通过毕业设计（论文），学生的动手能力、专业知识的综合运用能力和科研能力得到很大的提高。学生在毕业设计或论文撰写的过程中往往需要把学习的各个知识点贯穿起来，形成对专业方向的清晰思路，尤其对计算机专业学生，这对毕业生走向社会和进一步深造起着非常重要的作用，也是培养优秀毕业生的重要环节之一。

学生毕业论文（设计）选题以应用性和应用基础性研究为主，与学科发展或社会实际紧密结合。一方面要求选题多样化，向拓宽专业知识面和交叉学科方向发展，老师们结合自己的纵向、横向课题提供题目，也鼓励学生自己提出题目，尤其是有些同学的毕业设计与自己的科技项目结合，学生也可到IT企业做毕业设计，结合企业实际，开展设计和论文；另一方面要求设计题目难度适中且有一定创意，强调通过毕业设计的训练，使学生的知识综合应用能力和创新能力都得到提高。

在毕业设计的过程中注重训练学生总体素质，创造环境，营造良好的学习氛围，促使学生积极主动地培养自己的动手能力、实践能力、独立的科研能力、以调查研究为基础的独立工作能力以及自我表达能力。

为在校外实训基地实习的同学配备校内指导老师和校外指导老师，指导学生进行毕业设计，鼓励学生以实践项目作为毕业设计题目。

该职业院校的计算机专业十分重视毕业设计（论文）的选题工作，明确规定，偏离本专业所学基本知识、达不到综合训练目的的选题不能作为毕业设计题目。提倡结合工程实际真题真做，毕业设计题目大多来自实际问题和科研选题，与生产实际和社会科技发展紧密结合，具有较强的系统性、实用性和理论性。近年来，结合应用与科研的选题超过90%，大部分题目需要进行系统设计、硬件设计、软件设计，综合性比较强，分量较重。这些选题使学生在文献检索与利用、外文阅读与翻译、工程识图与制图、分析与解决实际问题、设计与创新等方面的能力得到了较大的锻炼和提高，能够满足综合训练的要求，达到本专业的人才培养目标。

第四节　课程建设

课程教学作为职业教育的主渠道，对培养目标的实现起着决定性的作用。课程建设是一项系统工程，涉及教师、学生、教材、教学技术手段、教育思想和教学管理制度。课程建设规划反映了各校提高教育教学质量的战略和学科、专业特点。

计算机专业的学生就业困难，不是难在数量多，而是困在质量不高，与社会需求脱节。通过课程建设与改革，要解决课程的趋同性、盲目性、孤立性以及不完整、不合理交叉等问题，改变过分追求知识的全面性而忽略人才培养的适应性的倾向。下面是某职业院校提出的课程建设策略。

一、夯实专业基础

针对计算机专业所需的基础理论和基本工程应用能力，构建统一的公共基础课程和专业基础课程，作为各专业方向学生必须具有的基本知识结构，为专业方向课程模块提供有效支撑，为学生后续学习各专业方向打下坚实的基础。

二、明确方向内涵

将各专业方向的专业课程按一定的内在关联性组成多个课程模块，通过课程模块的选择、组合，构建出同一专业方向的不同应用侧重，使培养的人才紧贴社会需求，较好地解决本专业技术发展的快速性与人才培养的滞后性之间的矛盾。

三、强化实际应用

为加强学生专业知识的综合运用能力和动手能力，减少验证性实验，增加设计性实验，所有专业限选课都设有综合性、设计性实验，还增设了“高级语言程序设计实训”“数据结构和算法实训”“面向对象程序设计实训”“数据库技术实训”等实践性课程。根据行业发展的情况、用人单位的意向及学生就业的实际需求，拟定具有实际应用背景的毕业设计课题。

通过多年的探索和实践，课程内容体系的整合与优化在思路方法上有较大突破。课程建设效果明显，已经建成区级精品课程 2 门，校级精品课程 3 门，并制订了课程建设的规划。

作为计算机专业应用型人才培养体系的重要组成部分，课程建设规划制订时要注意以下几个方面：建立合理的知识结构，着眼于课程的整体优化，反映应用型的教学特色；在构建课程体系、组织教学内容、实施创新与实践教学、改革教学方法与手段等方面进行系统配套的改革；安排教学内容时，要将授课、讨论、作业、实验、实践、考核、教材等教学环节作为一个整体统筹考虑，充分利用现代化教育技术手段和教学方式，形成立体化的教学内容体系；重视立体化教材的建设，将基础课程教材、教学参考书、学习指导书、实验课教材、实践课教材、专业课程教材配套建设，加强计算机辅助教学软件、多媒体软件、电子教案、教学资源库的配套建设；充分利用校园资源环境，进行网上课程系统建设，使专业教学资源得到进一步优化和组合；重视对国外著名高校教学内容和课程体系改革的研究，继续做好国外优秀教材的引进、消化、吸收工作。

第五节　教学管理

以某高等院校的教学管理为例，汲取其中的有益经验。

一、教学制度

在学校、系部和教研室的共同努力下，完善教学管理和制度建设，逐步完善了三级教学管理体系。

（一）校级教学管理

学校现已形成完整、有序的教学运行管理模式，包括建设质量监控队伍，建立教学管理制度、教学工作的沟通及信息反馈渠道等。学校教务处负责全校教学、学生学籍、教务、实习实训等日常管理工作，同时设有教学指导委员会、学位评定委员会、教学督导组等，对各系的教学工作进行全面监督、检查和指导。

学校教务管理系统实现了学生网上选课、课表安排及成绩管理等功能。在学校信息化建设的支持下，教学管理工作网络化已实行了多年，平时的教学管理工作，如学籍管理、教学任务下达和核准、排课、课程注册、学生选课、提交教材、课堂教学质量评价等均在校园网上完成，网络化的平台不仅保障了学分制改革的顺利进行，同时也提高了工作效率。同时，也为教师和学生提供了交流的平台，有力地配合了教学工作的开展。

学校制定了学分制、学籍、学位、选课、学生奖贷、考试、实验、实习及学生管理等制度和规范，并严格执行。在学生管理方面，对学生德、智、体综合考评，大学生体育合格标准，导师、辅导员工作，学生违纪处分，学生考勤，学生宿舍管理及学生自费出国留学等都做了规定。

（二）系级教学管理

计算机工程系自成立以来，由系主任、主管教学的副主任、教学秘书和教务秘书等负责全系的教学管理工作。主要负责制订和实施本系教育发展建设规划，组织教育教学改革研究与实践，修订专业培养方案，制定本系教学工作管理规章制度，建立教学质量保障体系，进行课堂内外各个环节的教学检查，监督协调各教研室教学工作的实施等。系里负责教学计划与任课教师的管理、日常及期中教学检查、学生成绩及学籍处理以及教学文件的保存等。

（三）教研室教学管理

系下设多个教研室，负责专业教学管理，修订教学计划，落实分配教学任务，管理专业教学文件，组织教学研究活动与教育教学改革、课程建设、编写修订课程教学大纲及实验大纲，协助开展教学检查，负责教师业务考核及青年教师培养等。

二、过程控制与反馈

计算机学院设有教学指导委员会（由学院党政负责人、各专业系负责人等组成），负责制定专业教学规范、教学管理规章制度、政策措施等。学校和学院建立有教学质量保障体系，学校聘请具有丰富教学经验的离退休老教师组成教学督导组，负责全校教学质量监督和教学情况检查等。通过每学期教学检查、毕业设计题目审查、中期检查、抽样答辩、教学质量和教学效果抽查、学生评价等环节，客观地对教育工作质量进行有效的监督和控制。

由于校、院、系各级教学管理部门实行严格的教学管理制度，采用计算机网络等现代手段使管理科学化，提高了工作效率，教学管理人员尽职尽责素质较高，教学管理严格、规范、有序，为保证教学秩序和提高教学质量起到了重要作用。

（一）教学管理规章制度健全

学校以国家和教育部相关法律、法规为依据，针对教师培训制度、教学管理制度、教学质量检查与评价制度、学生学籍管理制度以及学位评定制度等制定了一系列文件，并针对教学管理中出现的新情况、新问题，对教学管理相关文件做及时修订、完善和补充。

在学校现有规章制度的基础上，根据实际情况和工作需要，计算机学院又配套制定了一系列强化管理措施，如《计算机工程系“十二五”学科专业建设发展规划》《计算机工程系教学管理工作人员岗位职责》《计算机工程系专任教师岗位职责》《计算机工程系实训中心管理人员岗位职责》《计算机工程系课堂考勤制度》《计算机工程系毕业设计（论文）工作细则》《计算机工程系教学奖评选方法》《计算机工程系课程建设负责人制度》等。

（二）严格执行各项规章制度

学校形成了由院长→分管教学副院长→职能处室（教务处、学生处等）→系部的分级管理组织机构，实行校系多级管理和督导，教师、系部、学校三级保障的机制，健全的组织机构为严格执行各项规章制度提供了保证。

学校还采取全面的课程普查，组织校领导、督导组专家听课，每学期第一周（校领导带队检查）、中期（教务处检查）、期末教学工作年度考核等措施，保证规章制度执行。

学校教务处坚持工作简报制度，做到上下通气，情况清楚，奖惩分明。对于学生学籍变动、教学计划调整、课程调整等实施逐级审批制；对在课堂教学、实践教学、考试、教学保障等各方面造成教学事故的人员给予严肃处理；对优秀师生的表彰奖励及时到位。

教学规章制度的严格执行，使学院树立了良好的教风和学风，教学秩序井然，教学质量稳步提高，对实现本专业人才培养目标提供了有效保障。

第四章　计算机 MOOC 教学比较研究

第一节　MOOC 研究现状

MOOC 自 2008 年被提出后，吸引了国内外越来越多的高校和专家对其进行深层次的挖掘研究，引起了全球范围的高度关注。近几年来，政府、企业、教育机构、媒体等众多行业都对 MOOC 产生了强烈的兴趣，MOOC 俨然已经成为当下关注的焦点。MOOC 并不是凭空出现的，在此之前它以不同的形式进行了很长一段时间发展，国内外也以不同的形式对其进行着研究。本章将从国内外两个方面进行概括，从国内外 MOOC 研究、国内外 MOOC 教学设计的研究和国内外基础类计算机 MOOC 课程的研究三个层面对其研究现状进行概括总结，梳理研究 MOOC 的发展脉络。

一、国内外 MOOC 研究现状

（一）国外 MOOC 研究现状

2008 年加拿大 Athabasca University 著名学者 George Siemens 和 Stephen Downes 共同开设网络开放课程 Connectivism and Connective Knowledge（CCK08），该课程最终的学习者人数总计超过 2 300 人，且该课程的课程提纲被翻译为多种语言。为描述这种新型的教学模式和数量众多的学习者，加拿大学者 Bryan Alexander 和 Dave Cormier 将其称之为“MOOC”或“MOOCs”（英文全称“Massive Open Online Courses”）。此后美国及其他国家开始设计开发各种 MOOC 平台，最著名的就是被誉为“三驾马车”的 edX、Udacity 和 Coursera 平台，还有诸如可汗学院、Udemy、Future Learn 等 MOOC 平台。为调查国外研究者对 MOOC 的研究情况，梳理国外研究者所研究的 MOOC 的围度和深度，笔者特意对国外三个著名的文献数据库进行检索，以便从文献的角度分析国外研究者对 MOOC 的研究情况。

首先，以 MOOC 或 MOOCs 为关键字，对 Springer 不设内容类型限制，截至 2017 年 11 月共检索到 1 443 条相关记录，主要内容类型包括：章节 267 条，文章 173 条，参考标题 2 条，书本 1 册。再次，以 MOOC 或 MOOCs 为关键字对美国教育文献数据库（ERIC）进行文献检索，时间从 2006 年截至 2017 年 11 月，共检索到 1 162 条文献，检索出的文献涵盖了如在线课程、高等教育、远距离教育、教育变革、开放教育、教育技术应用、开放资源技术、社交媒体等当下 MOOC 研究的相关热频词汇。最后对全球最大的综合类数据库 ASC/BSC 数据库进行检索，以 MOOC 或 MOOCs 或 moocs 为检索条件，共检索出 2 152 条信息，文献来源涵盖了杂志 942 个，学术理论期刊 512 个，期刊 431 个，贸易出版物 174 个，新闻 117 个，评论 11 个，概述和报告各 2 个。通过对文献进行分析发现，国外对 MOOC 的学术研究更多地侧重于 MOOC 这种新教育模式的介绍，MOOC 社交网络的应用，MOOC 对高等教育及图书馆的影响，MOOC 课程中所用到的教育方法的讨论，MOOC 这种新型模式对现代和未来教育产生的影响和展望等方面，还有许多研究者对出现的如 Coursera 等 MOOC 平台进行学习研究。

McAuley 和 Cormier 等（2010）认为 MOOC 是将社会化网络、某个领域的专家和互联网上可利用的资源整合起来，通过多种类型的社交媒体参与讨论、思考、分享教育资源，课程内容会在参与者的交流中产生。

Apostolos，Koutropoulos 等学者（2012）就 MOOC 课程学习过程中在线讨论问题进行了详尽的讨论，该研究通过叙事研究的方式对学习者在课程论坛中使用的一些具有情感色彩的词汇进行分析，以判断学习者在 MOOC 课程学习中的表现。

Dennis 和 Marguerite（2012）就 MOOCs 对高等教育学习者、教师、图书出版、评价机构等 15 个方面的可能性影响做了深入分析，他们认为 MOOCs 仅仅是作为传统高等教育的补充而不会取代传统的学院和大学。

Carlos Alario-Hoyosl 和 Mar Perez-Sanagustinl 等（2013）通过分析 Q&A 和论坛这两个内部交流工具以及 Facebook，Twitter 和 MentorMob 这三个外部社会交流工具对 MOOC 教学的影响，绝大多数参与者认为 MOOC 课程中的社交工具能够帮助和促进他们与同伴之间的交流，分享他们学习的相关课程，同时参与者认为论坛是课程设计优先考虑的交流工具。

Belanger，Yvonne 和 Thornton，Jessica（2013）在 Bioelectricity:A

Quantitative ApproachDuke University's First MOOC 中通过 3 个月的时间对首门 MOOC 进行实证研究，描述了课程开发和交互过程、学生注册及学习结果的测量，提到设计和开发课程的经验对组织在线学习提供了很有用的帮助，对教师的在线教育和杜克大学基础设施和专业知识的发展提供了帮助。

总括文献所描述的内容，国外对于 MOOC 的研究主要表现在对 MOOC 学习理念、网络社交软件、MOOC 学习者的调查、学习方式以及 MOOC 对学校、教师、图书馆等方面的影响。目前针对 MOOC 的研究多存于理论表面研究，大多数没有谈到 MOOC 的实际应用。

（二）国内 MOOC 研究现状概述

我国对 MOOC 的研究相对国外来说起步较晚，但研究的热情丝毫不逊色于国外。为了解国内研究人员对 MOOC 的研究情况，笔者从中国知网 CNKI 学术文献数据库进行检索。首先了解所有行业对 MOOC 的研究情况，选择所有类型的数据库，检索控制条件发表时间从 2001 年 1 月到 2017 年 12 月底，以篇名为检索字段，以“MOOC”或“MOOCs”或“慕课”或“幕课”或“大规模在线开放课程”为内容检索条件进行精确检索，共检索到 2 576 条结果，去除检索到的 4 篇文献（该文献中 MOOCs 指 multiple optical orthogonal codes sequences），还剩 1 572 篇有价值的文献，其中包含中国学术期刊网络出版总库 1121 篇和中国优秀硕士学位论文全文数据库 10 篇文献，其余文献为报纸、会议、年鉴评论等。从文献的发表年度看：我国对 MOOC 的研究始于 2012 年，2012 年检索出 5 篇文献，2013 年检索出 245 篇文献，2014 年检索出 1 316 篇文献。

通过对检索的文献进行梳理分析发现，目前我国对 MOOC 的研究主要集中在以下几个方面：

1.MOOC 教学模式的探讨

李青、王涛（2012）描述了 MOOC 教学模式的产生、发展和具有的特征，介绍了 MOOC 的理论基础联通主义学习理论，介绍了 Downes 等人总结的 MOOC 课程的基本原则；笔者通过对 10 门 MOOC 课程的调查分析，剖析了 MOOC 课程的运行模式和技术平台，并以“Mobile Learning（MobiMOOC）”和“Digital Storytelling（DS106）”这两个典型的 MOOC 课程为案例，详细介绍了 MOOC 课程的组织实施过程。

李京杰（2013）介绍了 MOOC 的兴起，并从用户规模、开放的学习资源、互动的学习环境、资金和学分认证方面阐述了 MOOC 课程模式相对于传统教育的优势，从 MOOC 课程完成率、评价机制和可持续发展等方面对 MOOC 模式存在的问题进行了分析。

张璇（2013）将 MOOC 与视频公开课从资源的角度进行比较，并结合江苏开放大学的实践比较了两者之间的相似之处和差异，分析了 MOOC 在线教学模式存在的缺陷，从实践教学过程中对 MOOC 教学模式进行借鉴和弥补。

贾寿迪、杨洋（2014）介绍了 MOOC 的概念、发展状况、特征和一般运行模式，从资源的建设机制角度对 MOOC 模式进行了分析，概述了我国开放课程建设存在的问题，并结合 MOOC 的资源共建机制及运行模式对我国开发课程的建设提出了启示。

2.MOOC 对高等教育的挑战、影响及变革

王文礼（2013）从互联网技术的进步、传统教学模式的滞后、高等教育成本的攀升和未来职业教育的需要四个方面对 MOOC 兴起的原因进行了分析，概述了 MOOC 的发展历程和优缺点，从机遇和挑战两个方面详细分析了 MOOC 对高等教育的影响。

尹合栋（2014）对 MOOC 的发展现状进行了概述，从基本信息、教学过程和评价过程比较了 MOOC 的三大平台 Coursera、edX 和 Udacity。介绍了 MOOC 对国内高等教育的影响，包括：改变传统教育的评价方式，促进教育大众化的发展，影响了教学管理模式，变革了课堂教学模式，优化教师队伍结构和推动科学分析管理。

袁莉、Stephen Powell 等（2014）分析了 MOOC 与高等教育的开放化运动，从教育全球化、需求、终身学习者、个性化技术和社会媒体以及经费保障机制等方面概述了高等教育发生的变化，并对 MOOC 与高等教育的未来发展进行了分析。

3.MOOC 对图书馆的影响和变革

杨云云（2013）介绍了 MOOCs 的含义，分析了 MOOCs 的结构和网状结构的 MOOCs 特征，从国外和国内两个角度对 MOOCs 的推广进行了研究和比较，并对图书馆应致力于 MOOCs 推广的必要性，从图书馆本身、资源利用和学习者的角度进行了深入分析。

刘恩涛、李国俊等（2014）简述了 MOOC 的起源和具有的特征，从课

程数量、是否以盈利为目的、课程是否免费访问、证书是否收费的角度对 MOOC 的项目 Coursera、edX、Udacity 和 Khan Academy 进行了分析比较，分析了图书馆在 MOOCs 扮演的角色，并于 MOOCs 对图书馆服务的影响进行了深入研究。

除此之外，Inge DE Waard，Apostolos Koutropoulis（2013）介绍了 MOOC 作为一种教学方法作用于移动学习，基于 MobiMOOC 课程案例的设计和实施研究，设计调查，验证了 MOOC 与 mLearning 之间的协同特点，并将数字化的协作学习和知识建构这两个思想领域进行了结合。

樊文强（2012）对 MOOC 及其理论基础关联主义 MOOC 做了详细的表述，并对关联主义 MOOC 的学习支持、高退出率以及关联主义 MOOC 学习支持的关键进行了探讨。

顾小清教授（2013）对 MOOCs 的本土化吁求进行了分析描述，论述了 MOOCs 本地化的可能性。她认为国内“EWUCC 东西部高校课程共享联盟”和“上海高校课程中心”具有 MOOCs 的规模，显现出 MOOCs 的雏形，平台上的课程符合 MOOC 的核心要义。她还将 MOOCs 与传统的网络教育进行比较，得出在技术平台、教学法、资源、数字图书与知识版权、学习分析技术等方面的差异，对大规模开放在线课程所引发的挑战以及如何应对这些挑战等问题展开了讨论。

谢冉（2014）以文献分析的视角对 2009 年到 2013 年间我国研究者对 MOOC 的研究进行了总结和概括，对我国研究者研究关注的主题及其现状进行了概括，在文中，作者将研究者的关注点划分成为 4 个类别，分别是：概念介绍类、教育意义类、技术支持类、案例分析类，并对每一类的研究现状进行了详细论述。

二、国内外 MOOC 教学设计研究现状

虽然 MOOC 的产生和发展已经有一段时间，并且取得了一些实践和研究成果，但国内外对于 MOOC 教学设计层面的研究比较鲜见或是严重不足。本书中的教学设计是相对宽泛的，不仅指课程的教学设计，也包括对课程资源、学习环境、教学互动和学习评价等教学因素的设计。

Rubens 和 Wilfred（2014）对 MOOCs 在远程教育应用中的潜能进行了辩证，并利用 MOOCs 的形式对远程教育进行适当的学习设计，对形成性评

价和用户满意度进行了调查，并取得良好的效果。

Edinburgh 大学的 Hamish Macleod 等研究者（2015）对参与 MOOC 的学习者所在的地域和学习者所在的年龄段进行了分析，对 MOOC 可以扩大受教育的机会和教育公平，增强职业道德等方面进行论述，描述了 MOOC 将来的发展趋势和影响。

国内的研究者从教学设计的多个层面对 MOOC 进行了叙述。李曼丽(2013)对 MOOCs 这种新兴的课程教学模式的国内外发展进行了简要描述，介绍了 MOOCs 课程的个性化特征：学生规模的巨型化及学生身份的多元化、MOOCs 课程的结构和内容设计独特新颖，设计合理。通过对不同 MOOCs 平台课程考察后认为："一门设计好的 MOOC 不同于传统的远程教育课程，也不等同于网络公开课或精品资源共享课，更不同于基于网络的在线应用或学习软件"。

刘名卓、祝智庭（2014）阐述了主流 MOOCs 平台课程教学模式与教学理念等方面的教学局限性，通过对 MOOCs 课程进行了课程结构分析，并依托信息化环境下学习样式的设计和对我国网络课程、精品资源共享课以及对 MOOCs 设计的分析，作者提出了七种 MOOCs 在线教学样式，包括理论导学型、问题研学型、情景模拟型、案例研学型、自学探究型和实验探究型，并对每种 MOOCs 教学设计样式进行了详细的描述。

韩锡斌、程建钢（2014）以教育学的视角，从课程论、教学论和系统论的理论与方法出发，综合分析了 MOOCs 课程在学习理论基础、课程目标、学生与教师、教学内容、教学方法、教学环境以及教学评价等教育学特征，并提出了 MOOCs 的优化设计原则。

刘清堂、叶阳梅等（2014）从活动理论的视角出发，结合学习活动设计的基本框架以及 MOOC 的相关特征，分析了 MOOC 课程与传统网络课程在学习活动中教学元素之间的关系、课程内容和学习环境、学习交互方式等因素间的不同，并以具体学习内容设计 MOOC 学习活动案例。

三、国内外计算机类 MOOC 教学设计研究现状

为研究国内外基础类计算机 MOOC 课程的教学设计，因此将计算机 MOOC 课程教学设计的现状进行单独梳理。从文献收集的情况来看，由于检索数据库或方法的原因，并没有发现国外关于计算机类 MOOC 课程教学

设计的文献，因此，仅将国内关于此方面的文献进行梳理。

周香英、钟琦（2014）用同样的模式和方法对 MOOC 教学模式应用于优化和改善大学计算机课程进行了理论描述。

从上述文献可以看出，国内文献仅仅从理论层面对 MOOC 教学模式对计算机课程的改革和影响进行了探讨，并未对计算机类 MOOC 课程的教学设计进行分析研究，关于此教学设计方面的研究比较欠缺。

第二节　MOOC 与教学设计的相关理论基础

一、MOOC 的发展

（一）MOOC 的概念

MOOC 最早是由加拿大 Prince Edward Island 大学的教授 Dave Cormier 和 National Institute for Technology in Liberal Education 的学者 Bryan Alexander 共同提出的，用来描述由加拿大 Athabasca University 著名学者 George Siemens 和 Stephen Downes 共同开设的网络在线开放课程 Connectivism and Connective Knowledge（CCK08）的学习者的地域分布和规模。他们认为：“MOOC 是一种参与者和课程资源都分散在网络上的课程，只有在课程是开放的、参与者达到一定规模的情况下，这种学习形式才会更有效，MOOC 不仅是学习内容和学习者的聚集，更是一种通过共同的话题或某一领域的讨论将教师和学习者连接起来的方式。”

MOOC 是“Massive Open Online Courses”的首字母缩写，国内大都将其翻译为“大规模在线开放课程”，最早将 MOOC 翻译成中文名称的是华南师范大学学者焦建利教授，他将 MOOC 翻译为“慕课”，意为慕名而来的课程，也有其他学者将其翻译为“幕课”等。MOOC 这 4 个字母既表现了其概念的本质意义，也反映了 MOOC 具有的特征。MOOC 的首字母“M”表示 Massive，代指的含义是大规模，不仅指 MOOC 的注册人数众多，也可以指课程资源的规模巨大，当然这种大规模也是相对于传统教育来说的。MOOC 的第二个字母“O”表示 Open，代指开放的含义，一方面指学习空间、时间和学习资源的开放，学生可以在不同的地域和时间学习同一门课程，另一方面指学习资源和学习过程的相对免费，目前已有很多专业性的课程开始收费，开放也就仅仅只是指的开放注册。MOOC 的第三个字母“O”表示 Online，代指所有的课程都是以在线的方式实现，诸如课程的讲授，资源的学习，教学或学习互动，课业、问题的讨论，作业的提交与批改等方面都是通过线上实现的。这种形式的学习方式更加满足了泛在学习、移动学习和碎片化学习的需求。MOOC 中的字母“C”表示课程 Courses，主要指课程、学习资源及各种教学与学习支持材料，包括讲授主题的提纲，课程内容及视频，各种形式的学习资源、作业以及关于网上学习的各种注意事项等。

MOOC 这种新形式的学习方式对高等教育产生了很大的影响，促进了高等教育的变革，MOOC 不同于传统的以广播电视、函授以及互联网等为载体形式的远程教育，也不等同于教学视频网络共享课抑或是最近兴起的精品资源共享课，更不同于某些依托于网络的在线学习软件或在线应用。在 MOOC 教学模式之下，传统教育课程、课堂教学、学生的学习体验、师生互动、学习进程等过程被系统而完整地以在线方式记录和实现了。

（二）国外 MOOC 的发展

国外 MOOC 的出现和发展是与开放教育资源（OER）、开放教育运动和远程教育的发展分不开的。在教育全球化和教育信息化背景下，美国著名大学麻省理工学院（Massachusetts Institute of Technology，MIT）在基于“知识公益、开放共享”理念的基础上，于 2001 年 4 月启动了震惊世界的开放课件项目(Open Course Ware，简称 OCW)。MIT OCW 项目是由 William and Flora Hewlett 基金会、Andrew W.Mellon 基金会以及麻省理工学院共同出资建立，是一个永久性的项目，创建目标是将麻省理工学院出版的所有课程材料通过互联网络免费公开发布，互联网上的任何非商业用途的人都可以免费使用，这与 MIT 的目标——提升知识，教导学生科学、科技和其他领域的知识——不谋而合。MIT OCW 项目的开始拉开了开放教育资源运动的序幕，此后许多国家和地区的开放教育资源项目也如火如荼地展开，如 Open University(英国开放大学)的 Open Learn 项目，美国 Carnegie Mellon University(卡耐基梅隆大学)的 Open Learning Initiative 项目，Rice University 的 Connexions 项目以及 Paris Tech OCW 项目(法国的巴黎高科 OCW 项目)，等等。

2008 年 9 月至 12 月，加拿大 Athabasca University 著名学者 George Siemens 和 Stephen Downes 共同开设网络开放课程 Connectivism and Connective Knowledge（CCK08）。该课程最初是为获得 25 学分而缴费的注册学生设计的，同时该课程允许其他学习者免费注册学习，最终该课程的学习者人数总计超过 2 300 人，并且该课程的课程提纲被翻译为多种语言，得到广泛的传播。为了描述这种新型的教学模式和数量众多的学习者，加拿大学者 Bryan Alexander 和 Dave Cormier 将其称之为 MOOC，全称为“Massive Open Online Courses”，这被认为是世界上第一门真正意义上的 MOOC 课程。由于这种课程是以关联主义学习理论为理论基础，所以这种以关联主义学习理论为基础的课程被称为“cMOOC”。

研究者按照 MOOC 课程设计所依据的理论基础不同，将 MOOC 分为 cMOOC 和 xMOOC 两种。cMOOC 是以关联主义学习理论为理论基础进行教学设计，如 Siemens 和 Downes 开设的课程 Connectivism and Connective Knowledge 以及后来的 eduMOOC 和 MobiMOOC 等；xMOOC 是 MOOC 发展的一种新的形式，如 Udacity、edX 和 Coursera 等平台课程。

2011 年 10 月，斯坦福大学两位计算机教授 Sebastian Thrun 和 Peter Norvig 将自己的计算机课程“人工智能导论”免费放到网上，该课程引来超过 190 个国家和地区 16 万多的学习者注册学习。此后于 2012 年 2 月，Sebastian Thrun 教授联合 David Stavens 和 MikeSokolsky 共同创办了营利性在线教育公司 Udacity。

2011 年 10 月，斯坦福大学计算机系教授 Daphne Koller 和教授 Andrew Ng 将“机器学习”和“数据库导论”两门计算机课程免费放到互联网上，引来上万计的学习者参与，基于此种契机，随后两位教授于 2012 年 3 月搭建了 Coursera 平台，吸引了全球诸多著名高校的参与。2013 年 1 月香港中文大学加入 Coursera 平台；同年 4 月，香港科技大学在 Coursera 平台上开设了亚洲首门 MOOC 课程“中国的科学、科技与社会”。2013 年 7 月复旦大学和上海交通大学同时加入 Coursera，9 月北京大学加入到 Coursera 行列，为 Coursera 的发展注入新的活力。

2011 年 12 月，麻省理工学院开启了 MIT 在线学习计划——MITx。MITx 是一个在线交互式平台，向学习者提供丰富的在线学习资源，该计划意图让该校学生及院系通过应用现代科技技术来提高教学质量。2012 年 5 月，哈佛大学和MIT宣布联合创建免费开放在线课程计划edX，该平台以MITx计划为基础，结合哈佛大学的在线网络教学计划开展，课程形式主要通过在线视频、插入式测试题以及写作论坛构成，该平台提供在线实验室、结合WIKI的合作学习配合日常的教学。2013年，我国清华大学、北京大学，香港科技大学等高校入驻edX，2014年12月，电气电子工程协会IEEE加入edX，为其注入新的活力，目前edX平台已创建超过300门课程。

2012年秋，以信息技术系统工程专业而闻名的德国 Hasso Plattner Institute（哈素·普拉特纳学院，HPI）创建一个名为“开放HPI”的MOOC平台，学院创建者哈素·普拉特纳教授于2012年9月主讲了该平台第一门MOOC课程——“内存中的数据管理”。此外德国的另一家在线教育平台iversity成立于2011年，2013年开始涉足MOOC领域，第一批课程于2013年9月份上线。

以远程教育而出名的英国开放大学，迫于国外MOOC发展带来的竞争压力，带领英国众高校开发自己的MOOC平台——Future Learn，并于2013年9月开放。我国高校复旦大学和上海交通大学已加入该平台；上海外国语大学于2014年11月21日签约Future Learn平台，并于2015年4月开设首门MOOC课程“跨文化交际”。目前该平台已经有全球40多个国家和地区加入。

（三）国内MOOC的发展

从文献检索的情况看，我国对MOOC的研究始于2012年，2013年国内高校陆续参与到国外开放教育资源MOOC平台，随后MOOC的研究在国内遍地开花。但MOOC在我国的发展并不是零基础起步，MOOC的发展存在着一定的资源、政策支持和实践基础。1999年，University of Tubingen（图宾根大学）将视频课件上传到互联网上，形成了最早的视频公开课。2001年，麻省理工学院启动OCW计划，掀起了网络公开课的序幕。随后哈佛、耶鲁、斯坦福等高校也参与到网络公开课的建设行列，开放教育资源运动在全球范围内传播开来，我国也积极参与了这场全球化的开放课程运动。

我国开放教育资源建设开始于2000年。为加快现代远程教育工程资源建设步伐，支持大学建设网络教育学院，推动优秀教学资源的全国共享，促进我国高等教育整体质量和效益的提高，2000年5月，教育部高教司启动并实施了“新世纪网络课程建设工程”，该工程的目标是大约用 2 年的时间建设 200 门左右的基础性网络课程、案例库和题库。

截至 2003 年 7 月，一、二批通过验收的项目达 277 个，参与高校达 83 所，先后从事开发的教师和技术人员多达 3 380 人。“为切实推进教育创新，深化教学改革，促进现代信息技术在教学中的应用，共享优质教学资源，全面提高教育教学质量，提升我国高等教育的综合实力和国际竞争力”，2003 年 4 月，教育部在全国高等学校（包括高职高专院校）中启动高等学校教学质量与教学改革工程精品课程建设工作，即“国家精品课程建设工程”，建设中国高教精品课程网站。自 2003 年至 2010 年，共有 746 所高校的 3 862 门课程被教育部评为国家级精品课程，同时还评出上万门校级和省级精品课程。

2010 年 11 月，网易推出“全球名校视频公开课”公益项目，内容涵盖了人文、社会、艺术、金融等领域的 1 200 多集课程，包含了哈佛、牛津等世界知名学府的课程。2012 年底，网易在公开课的基础上推出“网易云课堂”项目，新浪网也于 2011 年 4 月推出公开课频道。为应对全球化公开课等开放教育资源运动带来的冲击，我国教育部于 2011 年启动了包括精品视频公开课和视频资源共享课在内的“国家精品开放课程建设工程”，截至 2015 年 1 月，共有 2 584 门中国大学资源共享课上线并签署知识产权保障权益。国家精品开放课程等工程的实施为 MOOC 在国内的发展奠定了一定的资源和实践基础。

2013 年 1 月，香港中文大学率先加入最大的 MOOC 平台 Coursera，并于 9 月推出 MOOC 课程“人民币在国际货币系统中的角色”；同年 2 月 21 日，国立台湾大学宣布加入 MOOC 平台 Coursera，并于 8 月 31 日推出首批 Coursera 中文 MOOC 课程“中国古代历史与人物——秦始皇”和“概率”。2013 年 4 月，香港科技大学加盟 Coursera 平台，推出亚洲大学首门 MOOC 课程“中国的科学、技术与社会”。

2013 年 5 月 21 日，香港大学、香港科技大学、北京大学、清华大学等 6 所亚洲大学宣布加盟 edX MOOC 平台；7 月 8 日，复旦大学和上海交通大学宣布加入 Coursera 平台；同年 9 月，北京大学加入 Coursera 并于 9 月 30 日推出 4 门课程。

2013 年 8 月 12 日，华东师范大学考试与评价研究院、中外名校研究中心与国内 20 余所高中成立 C20 慕课联盟（高中），并于 9 月 7 日，成立

C20 慕课联盟（初中）和 C20 慕课联盟（小学），并在此基础上成立了华东师范大学慕课研究中心，极大地推动了全国各地各层次教育的 MOOC 课程建设。

2013 年 10 月 4 日，中国海峡两岸五所交通大学（台湾新竹交通大学、西安交通大学、北京交通大学、上海交通大学和西南交通大学）联合成立 Ewant 育网开放教育平台，并于 10 月 14 日开始陆续推出课程。10 月 8 日，网易公开课与 Coursera 平台全面合作，推出首个 Coursera 官方中文学习社区。10 月 10 日，清华大学基于 edX 开放源代码研发的中文在线教育平台“学堂在线”正式上线。

2014 年 4 月 8 日，上海交通大学自主研发的中文慕课平台“好大学在线”正式上线；5 月 7 日，南京大学与 Coursera 建立合作伙伴关系，并于 2015 年 3 月 18 号推出 4 门正式上线课程；5 月 8 日，中国大学 MOOC 平台在爱课程网正式开通；5 月 12 日，深圳大学、首都师范大学、苏州大学等 56 所高校共同成立了“全国地方高校 UOOC（优课）联盟”；6 月 17 日，复旦大学和上海交通大学签约 Future Learn；11 月 21 日，Future Learn 与上海外国语大学签约，并于 2015 年开设首门 MOOC 课程“跨文化交流”。

2013 年 10 月 24-26 日，湖南长沙召开了“2013 中国计算机大会（CNCC2013）”，并举办了 MOOC 专题论坛，讨论了 MOOC 的发展趋势、MOOC 给国内高校教育及个人成长带来的影响。2015 年 1 月 24 日，上海市科教院、全国高校现代远程教育协作组和上海远驰教育集团共同举办了主题为“MOOC 与高校教学改革”的“2015 中国上海高校 MOOC 发展高峰论坛”，与会专家学者围绕“MOOC 与高校教学改革”的主题，共同探讨了未来大学 MOOC 的新特点及新趋势，重点研讨了 MOOC 推动中国高等教育教学模式创新、提升教育质量的新思路、新方法、新举措。

2015 年 2 月 19 日，北京大学以阿里云为依托，对顶你学堂源代码二次开发，创建了北京大学 MOOC 平台“华文慕课”，进一步推动了国内 MOOC 的发展。2 月 12 日，教育部发布教育部 2015 年工作要点，要点中提到：“完善国家教育资源云服务体系，继续加大优质数字教育资源开发和应用力度，探索在线开放课程应用带动机制，加强‘慕课’建设、使用和管理。”目前教育部正从政策、资金、平台建设等方面积极推进中国 MOOC 的发展，各级大学正不断地加入 MOOC 课程的建设当中，MOOC 课程的建设以及基于 MOOC 的研究也正如火如荼地开展。

二、教学设计的相关理论基础

教学设计（Instructional Design）也被称为教学系统设计，教学设计的根本目的是通过合理、系统地安排教学过程和教学资源，创设各种有效的教学系统来促进学习者的学习。由于参与教学设计研究和实践的研究者的学科背景及经验经历的不同，目前对教学设计的概念都是从个人视角提出的对教学设计的理解和界定，并没有形成一个公认的界定。

（一）关联主义学习理论

Connectivism 在国内被译为关联主义、连通主义或连接主义，这一概念最早是由加拿大著名学者 George Siemens 研究并提出的，被誉为数字时代学习理论的里程碑。2004 年，Siemens 在综合概括和分析了技术对知识、学习的改变以及网络或数字化时代传统的行为主义、认知主义和建构主义所出现的局限性的基础上提出了关联主义。关联主义是一种由混沌、网络、复杂性与自我组织等理论探索的原理的整体，学习或动态的知识可存在于人们自身之外（如存在于一种组织或数据库的范围内），并可以将学习集中于专业知识系列的连接方面，这种连接能够使我们学到比现有的知识体系更多、更重要的东西。

学习是一个连续形成连接、创建知识网络的过程，学习不仅发生于学习者的内部，也发生于如社群、组织及设备等学习者外部的空间。学习者本身既是知识的消费者与利用者，同时也是知识的生产者与加工者。在知识爆炸、信息洪流的数字化社会，我们没有足够的能力将所有的知识都内化到身体内部，形成内部认知结构，我们更多的是将知识进行整理、存储在不同的节点中，通过节点之间的互联互通实现知识信息的流转。通过对关联主义相关的文献进行梳理，笔者认为关联主义学习理论主要包含以下几个方面的要点：

1.关联主义的知识观

知识经历了从分类、层级到网络和生态的变革过程，知识能被描述但不能被定义。知识是一种组织而不是一种结构，在传统意义上知识的组织主要采用静态的层级和结构，而在数字化的今天，知识的组织主要通过动态的网络和结构来实现。原来持有的静态的、有组织的及专家定义的知识观现在正处于一个更加动态、开放、多元化观点并存的形式状态中。数字化时代的来临，使得更多的人参与到知识的创造、传播、修正、完善、更新及扬弃的过程中，潜移默化的推动着知识的循环流动。Siemens 引入了知识流的概念，知识在类自然的生态系统中，实现着自我更新和循环流动，表达了知识不是静止的而是流动的，这体现出知识的流动性。知识扎根于个体，驻留于集体，数字化时代的学习者不再是被动的接受和被灌输知识，而是主动地以创造者的身份辨别、吸收和消化其他人的观点。人类通过一个具有偏见的、争议性的、错综复杂的、自我纠正的、预先坚定的和夸张的网络得到知识。

知识由 5 种不同的类型组成，分别是知道关于（Knowing about）、知道如何做（Knowing to do）、知道成为（Knowing to be）、知道在哪里（Knowing where）和知道怎样改变（Knowing to transform），人类通过创办杂志、编撰图书等外部设施来储存知识，这些存储结构中的知识大都处于“知道关于”和“知道如何做”的层面，属于某些时间凝结的知识；“知道在哪里”寻找知识和“知道成为”和“知道怎么做”都是原有存储结构之外的知识，属于高一阶的能力，需要学习者具有获得知识、创造知识的能力，习得建立连接的能力比掌握当前知识的能力重要得多，因此“知道在哪里”和“知道成为”要比“知道关于”和“知道如何做”更加重要。

2.关联主义的学习观

学习是一个连续的、知识网络形成的过程，学习就是优化自己的内外网络。知识不只是驻留在人类的大脑内，还能存在于非人类的外部网络中。信息化时代的学习者并不需要对所有的知识都进行认知加工和建构，他们只需要将这些任务下放到自己的知识网络中，并保持与知识网络的连接，就可以获得由网络加工过的最新知识。由此可知，学习包含两种形式：一种是发生于大脑内的学习，是内部神经网络形成的过程；另一种学习方式发生在外部，与其他的网络节点建立连接，将知识驻留到了外部网络中。数字化时代，知识将以碎片化的形式分布于知识网络的各个节点中，学习者只需拥有这种分布式知识表征的一部分，他们的任务是把这些知识节点连通与聚合起来。关联主义认为，所有现存的理论把知识处理（或解释）建立在个体进行的学习上，这种理论在现今已经跟不上知识发展的速度，关联主义主张把某些知识流的处理和解释任务下放给学习网络上的节点，因此，个人不必评价和处理每条信息，而是要创建由人和内容等可信节点所构成的技术增强型个人学习网络，未来知识的获取需要从认知处理转向模式识别，决策成为学习的重要组成部分。

3.关联主义的实践观

Siemens 在 *Knowing Knowledge* 的最后一部分反复引用一些其他人的观点来阐述其实践观。学习是需要一个不断增进的能力，仅仅“知道是什么”是不行的，是没有实际意义的，还要必须学会应用；只有想法而不付出行动也是不行的，必须要以实践辅之。当今社会，实施在学习中依然占有很大比重，实践是进行理论研究的基础，也是检验理论意义的真实标准。他还提出了关联主义的实施模型，虽然该模型大而复杂、不符合简约原则、难以操作和实施，但对我们认识知识及学习仍有很大的启示。

（二）人本主义学习理论

人本主义心理学是 20 世纪 50 年代末兴起于美国的一种心理学理论，主张关注和研究人的情感、态度、自我价值和自我概念，研究对个人和社会的具有进步意义的问题，强调教育和教学要促进学生个性和潜能的发展，培养学生学习的积极性和主动性，反对把人完整的心理特性人为地“肢解”、割裂开来。人本主义学习理论的思想来源于人本主义心理学，其主要代表人物罗杰斯在《自由学习》一书中专门对学习问题进行了探讨。人本主义学习理论的主要观点主要包含以下几个方面：

1.人本主义学习观

人本主义强调学习是在教师的引导下自我激发、自我促进和自我评价的过程，学生是学习的主体，是学习的主要参与者。罗杰斯把学习分为两类：一类是无意义的音节学习，是一种机械的、不涉及个人意义的学习效率低的学习方式，另一类是意义学习，并认为意义学习是对学习者有真正的价值。罗杰斯将意义学习分为 4 个要素：①学习具有个人参与的性质，即整个人都投入到学习活动；②学习是自我发起的，即使在其动力或刺激来自外界时，但要求发现、获得、掌握和领会的感觉是来自内部的；③学习是渗透的，会对学生的行为、态度乃至个性产生影响；④学习是由学生自我评价的。罗杰斯的意义学习与奥苏贝尔的意义学习有很大的区别：“奥苏贝尔的意义学习仅仅注意到当前材料与学习者已有知识间的联系，而罗杰斯强调的是学习时学习者当时整个身心状态与学习材料的关系，意义学习是罗杰斯学习观的核心和根本，真正而有价值的学习只有意义学习，而学习内容只有对学习者产生个人意义，和学习者的内在情感、需要、兴趣、能力、知识经验等整个人相联系时，学习才是有意义的。”学习过程中学生获取知识，形成属于自己的学习方式，学习过程中学生的自我感受是非常重要的，是学习活动进行的重要衡量指标。

2.人本主义教学观

人本主义教学观符合现代素质教育的先进理念，解决了传统教育存在的应试教育的弊端，强调学生的个性与创造性，尊重学生的发展；强调以人为本，关注学生的个人体验，学生的直接经验；主张以学生为中心，学生自我选择和发展；学生主动参与，教师给学生更多的时间和更大的空间，充分发挥学生的主观能动性，自我实现。

3.人本主义师生观

人本主义学习理论认为学生是学习的主体，是学习的主要参与者，教师是学习的引导着、辅助者和咨询者。教师要让学生认识到他们的学习内容与自身、社会的关系，使学生发现学习的内容能够保持和发展自我，与社会生活密切相关，激发学生深层次的学习动机。要让学生全身心地投入实际的学习当中去，让学生积极主动地探究知识，提高自身的学习积极性和学习效率。对学生学习结果的评价采取开放性的态度，让学生尽最大可能进行自我评价、自省和自检，有助于发展学生的独立性、创造性和自主性。

4.人本主义学习评价观

人本主义学习理论要求学生学会自我评价，自我反省，在评价和反省中不断自我完善和提升自己。学习者要将自身知识与社会生活实践相联系。罗杰斯认为学生处于学习过程中，自己能清楚地知道学习状态、努力程度及得失情况，自我评价在学生的学习活动中具有重要的作用，是使学生自我自发的学习成为一种意义学习的一个重要手段。

从教学设计原理看，人本主义学习理论提倡有意义的自由学习观和以学生为中心的教学观，认为教师的任务不是教学生学习知识，也不是教学生如何学习，而是为学生提供各种资源，提供一种促进学习的气氛，让学生自己决定如何学习，这一点在MOOC课程设计中得以充分体现。在MOOC课程设计中将学习材料时间分为很短的连续学习单元，学生可以按照自身的情况以不同的方式反复学习材料，这种模式的课程设计满足学生遵循一个更为人性化的课程安排。

（三）建构主义学习理论

皮亚杰早在 20 世纪五六十年代已明确提出了“认识不完全决定于认知者或所知的物体，而是取决于认知者和物体之间（有机体和环境之间）的交流或相互影响”“根本的关系不是一种简单的联想，而是同化和顺应；认知者将物体同化到他的动作（或他的运算）的结构之中，同时调节这些结构（通过分化他们），以顺应他在现实生活中所遇到的未预见到的方面”这样的观点，因此，人们通常将皮亚杰看成现代的建构主义观点的直接先驱。建构主义学习理论认为，人的认知发展不是一种简单累积的过程，而是认知结构不断重新建构的过程。为适应新的环境，个体通过同化和顺化过程不断发展和完善其认知结构。个体每当遇到新的刺激，总是把对象纳入已有的认知结构之中（同化），若获得成功，便得到暂时的平衡。如果已有的认知结构无法容纳新的对象，个体就必须对已有的认知结构进行变化以使其与环境相适应（顺化），直至达到认识上的新的平衡。同化与顺化之间的平衡过程，也就是认识上的“适应”，是人类思维的本质所在。

建构主义认为知识不是对现实纯粹可观的反应，任何一种承载知识的符号系统也不是绝对真实的表征，只是人们对客观世界的一种解释、假设或假说。知识不是问题的最终答案，它会随着人们认识程度的深入而不断的变革、升华和改写，出现新的揭示和假设，知识的理解因人而异，不同的学习者基于自己的经验背景和所处的情景建构自己对知识的理解。建构主义认为课本知识只是关于某种现象较为可靠的解释或假设，并不是解释现实世界的绝对参照，教学不能把知识作为既定了的东西教给学生，不能以我们对知识的理解方式作为让学习者接受的理由，学习者对知识的接收只能以自己的经验为背景，分析知识的合理性和应用价值来建构自己的知识网络。

建构主义认为虽然世界是客观存在的，但对于世界的理解和赋予的意义却是由每个学习者自己决定的，我们都是以自己的经验为基础来建构或解释现实，由于我们所持有的经验及信念不同，我们对外部世界的理解和感知也会不同。因此，学习不是教师把知识简单的传递给学生，而是学生自己主动构建知识网络的过程；学生不是被动的信息接受者，而是主动建构知识的建设者，这种建构是他人所无法取代的。学习过程包括两方面的建构：一方面是对信息意义的建构，另一方面是对原有知识经验的改造和重组，这两种学习过程与皮亚杰通过同化和顺应实现意义的建构过程是一致的。学习不是被动接受信息的刺激，而是主动地根据自己的经验背景，对外部信息进行主动地选择、加工和处理，从而进行意义的建构。建构主义者关注如何以原有的经验、心理结构和信念为基础来建构知识。

建构主义学习理论认为学习者的意义建构是在一定的学习环境中实现的，学习环境主要包括四大要素："情境""协作""会话"和"意义建构"。学习必须有具体的情境，情境具有真实性和趣味性，情境是知识的载体和寄托；学习离不开生生合作、师生合作，知识既存在于个体中，也存在于社会团体中，个体和团体间的交流、共享显得尤为重要；由于个体中认知特点的不同，彼此间相互学习、相互影响、取长补短、相得益彰，因此个体间的合作、对话可能会碰撞出新的知识火花；由于主体具有主观能动性，主体处于特定环境下，主动构建新的知识与已有知识和经验之间适当的联系，完成知识的同化或顺应。

建构主义提倡在教师的指导下、以学习者为中心的学习，即既要强调学习者的认知主体作用，又不能忽视教师的指导作用，教师是意义建构的帮助者、促进者，而不是知识的传授者和灌输者，学生是信息加工的主体和意义的主动建构者，而不是外部刺激的被动接受者和被灌输的对象。

从"学"的视角看，MOOC 强调创建一个集合很多人的长处和优点的、精彩的学生学习社区，MOOC 超越了时间和空间的限制，所有资源集中在云端，让那些有意愿的学习者在技术条件允许的前提下可以随时随地学习，它可以适合学习者的学习情境，促进知识建构。MOOC 强调学习的主动建构性、社会互动性和情景性，重视学习共同体与合作学习（MOOC 中的交流论坛、同伴评价）。"学习者可以在一个活跃的学习集体内，掌握、建构、内化那些能使其从事更高认知活动的技能。"

（四）掌握学习理论

掌握学习理论（Mastery Learning）是 MOOC 课程教学设计常用的理论基础。掌握学习理论是由美国著名教育家本杰明·S·布卢姆（Benjamin.S.Bloom）在卡洛尔的"学习模式"的基础上提出的一种适应学生个体的教学理论，该理论集中反映了布卢姆的教育思想和理论观点。20 世纪 60 年代，美国推行布鲁纳的结构主义课程理论来进行课程改革以提高美国科学技术水平，由于改革过分强调理论化，最终导致了美国教育质量的下降，使美国出现了大量不能掌握课程内容的“差生”。布卢姆批评美国基础教育“功能是挑选而不是发展”，针对只注意培养少数尖子学生而忽视甚至牺牲大多数学生发展的弊端，布卢姆提出了“掌握学习”的新学生观，并以教育目标分类学为理论基础，以学生学习的诊断性评价、形成性评价和终结性评价为手段，创立了掌握学习理论。

布卢姆认为，如果学校提供了适当的学习条件，按照教学规律有条不紊地教学，在学生遇到学习困难的时候给予及时的帮助，给学生提供足够的时间，并对掌握规定明确的标准，那么几乎所有学生都能够学得很好，大多数学生在学习能力、学习速度和进步的学习动机方面就会变得十分相似。因此，在教学条件适当和学习条件具备的情况下，任何学生都可以真正掌握教学过程中要求他们掌握的绝大部分学习内容。布卢姆提出掌握学习理论有 5 个特点，分别是：①有效性，掌握学习是一种有关教育学的乐观主义的理论；②小动作，掌握学习理论是一套有效的个别化的教学实践，以班级集体教学为基础，教师掌握教学进度的形式呈现；③重视时间，掌握学习提供了一种把浪费时间转化为学习时间的方法；④目标明确，掌握学习要掌握每个学生的进度和程度；⑤重视合作，在掌握学习中矫正学习的应用使学生有了机会和缓解来纠正错误，学生之间的合作也会产生一种有益的负效应，有利于团体精神的培养。

在 MOOC 课程设计中，布卢姆掌握学习理论及其原则主要表现在在线练习题目和视频中各种嵌入式测试题目的设计，依照掌握学习理论及原则设计测试练习，很大程度上提高了 MOOC 课程学习者的成绩。

（五）程序教学理论

程序教学理论是由新行为主义学派代表人物斯金纳提出的，斯金纳提出了操作性反映规律和强化理论，并设计了程序教学，通过对相关教育问题的研究，斯金纳发现人类的学习过程本身也是一种操作反应的强化过程，通过对学习目标的解析和学习材料进行程序化设计，可以实现学习的强化，使学习者朝着预定的学习目标迈进。

程序教学的基本方法主要包括：①小步子教学，每次给学习者少量的信息，并使学习者按照一定的程序顺序依次进行学习；②明显的反应，学生的反应可以被其他人所观察，如果出现正确的反应，就能得到强化，出现错误的反应则需要改正；③及时反馈，要对学生出现的反应给予及时的反馈，从而判断学习者的状态，学习者根据反馈自我调整对知识的学习；④自定学习步调，学习者在规定的时间内可以自己制订学习计划，遵循自己的步调进行学习。

在进行程序教学时应遵循以下几个方面的原则：①相适应原则，教师组织的材料要与学生的预知识基础相适应，太高或太低都不利于学习者的学习；②积极反应与反馈原则，在教学过程中通过设置填空、选择等机器自动应答的方式，给予学习者以快速的反应，以巩固当前内容的学习，使学习者处于积极的学习状态；③小步子原则，教学内容按照内在的逻辑顺序被分解为若干小的学习单元，前面的学习为后面的学习做铺垫，前后两个单元的内容难度相差很小，学习者很容易成功并建立学习的自信心。④自定步调的原则，程序教学以学习者为中心，允许学习者按照根据自己的情况确定掌握材料的速度，按照自己的节奏进行学习，弥补了传统课程不能满足个别差异的缺陷。

MOOC 课程设计过程比较适合采用程序教学的原理，课程都是按照周期设计的，每个周期内的视频等材料被分解为很小的片段材料，学习者可以利用碎片化的时间实现对主题的掌握，此外，MOOC 视频中穿插的测试和习题按照及时反馈的原则，对学生的反应给予巩固和强化，利于知识的掌握和迁移应用，课程允许学生在规定的时间内将课程的内容学完，课程的设计遵循着程序教学的设计原理。

第三节　MOOC 课程教学设计比较研究

一、MOOC 课程学习环境比较

任何教学活动的开展都是在一定的环境中进行的，无论是传统的课堂式教学，还是这种新形势的 MOOC 教学，都必须依靠一定的环境。MOOC 课程都是在线形式呈现的，这种形式相对于传统课堂形式的学习环境是不一样的，更呈现出网络学习环境的特点。一般来说，这种网络学习环境是基于计算机技术和网络通信技术的，支持学生开展网络学习活动的各种条件的总和，包括硬件设施、软件资源、系统平台和人际关系等。在这个课程学习环境中包含了网络学习环境，也包含了学习活动的设计者和学习的主体，因此，本节将从学习平台环境、教学团队和学习者 3 个方面对这 4 门 MOOC 课程的学习环境进行分析。

（一）学习环境比较

学习环境是学习活动产生和进行赖以维持的条件，既是学习进行的场所，也是各种学习资源和人际关系汇集的场所。传统教育有传统教育的学习和教学环境，网络或在线学习有网络在线学习的环境，网络学习环境不同于传统教育所理解的学习环境，不同的学习环境有不同的特征和性质，会带给学习者不同的学习体验。大规模在线开放课程所存在的学习环境是一种特殊的学习环境，MOOC 课程的学习是以各种在线学习平台为基础，设计者将课程以一定的课程形式存放于 MOOC 平台中，学习者的所有学习过程都是在 MOOC 平台上实现的，所以不同的 MOOC 平台也会给学习者带来不同的学习体验。本文所涉及的 MOOC 平台环境分别是 Coursera 平台和中国大学 MOOC 平台，在此将对这两个平台进行分析比较。

1.Coursera 课程的学习环境

Coursera 平台是由斯坦福大学计算机系 Andrew Ng 教授和 Daphne Koller 教授联合创办的大规模在线开放课程平台，坐落于加州硅谷的中心——山景城（Mountain View），是一个营利性的公司。Coursera 平台的创建起源于 2011 年两位教授将斯坦福大学的两门课程——“机器学习”和“数据库导论”免费放到网上供学习者学习，却引来上万的网络学习者参与注册，两位教授受到触动和启发，开始搭建 Coursera 平台，并于 2012 年 3 月正式上线。

学习者未登录平台之前，我们可以看到 Coursera 网站首页的布局主要包含平台信息介绍区、课程列表区和网站信息更新区这三部分内容，从 Coursera 平台信息介绍区我们可以清晰地看到：Coursera 平台目前共有合作的高等院校达 117 所，MOOC 课程的总数量达到 991 门，学习者人数达到上千万，Coursera 目前是世界上开课数量最多，合作院校覆盖最广的 MOOC 平台。

课程列表区提供并展示了最近热门的 MOOC 课程、最受中国学习者欢迎的课程以及其他学习者推荐的课程，网站信息更新区提供了解和参与 Coursera 的方式和渠道。在课程列表主界面可以看到，目前 Coursera 平台上的自助课程有68门，符合条件可以申请认证证书的课程254门，专项系列课程 110 门，课程涵盖了艺术、化学、经济、计算机、管理、教育、法律、医学等25种类别，主要语言包含了英语、中文的繁简体、法语、西班牙语、俄语等 11 种语言，课程配套的字幕达到 27 种语言，现在课程资源还在继续增加。

Coursera 以让全世界学习者免费学习全世界最好的在线课程为目标，将致力于普及全世界最好的教育作为自己发展的使命，通过与全世界顶级大学和机构合作的运作方式，向所有人提供可学习的免费在线课程。Coursera 允许学习者决定自己的学习进度，可以观看简短的课程视频，参与互动测试，完成同学间的互评作业，与老师、同学进行沟通交流，还可以选择获取所学课程的认证证书，让学习成果获得官方层次的承认。

Coursera 设计者根据最优秀研究者证实的教育方法来设计课程平台，形成独特的 Coursera 式的教育体验，主要通过以下 4 个重要的理念实现自己的愿景：①在线学习的有效性，在线教育在终身教育领域发挥了重要的作用，美国教育部发表的一份报告显示，“使用在线学习（无论是完全在线还是混合）方式的班级平均要比仅使用面对面教学的班级取得的学习效果更好”；②掌握学习，根据美国教育学家本杰明·布鲁姆的研究，掌握学习能让学生首先理解当前的主题，然后再学习更深入的主题，在 Coursera 平台上，教师或教辅人员一般能够及时反馈学生没有掌握的知识点，通过嵌入随机生成的测试，让学生反复学习和测试，以达到掌握所学知识的目的；③作业互评，很多课程中最重要的作业往往不能够由计算机来进行评分，而是采用学生互评的方法，让学生互相评价作业，并提出反馈意见，这种方法不仅能够提供相对准确的评分，而且评阅他人作业的经验对学生也大有益处，作业互评的方法在很多研究中被证明是有效的；④混合式学习，有大量的合作学校使用 Coursera 在线平台通过翻转课堂的教学模式进行混合式教学，为普通在校学生提供更好的学习体验，研究证明，这种混合教学模式可以提升学生参与度、出勤率和学习成绩。

2.中国大学 MOOC 课程的学习环境

中国大学 MOOC 平台是国内众多 MOOC 平台中规模较大的一个中文 MOOC（慕课）平台，是由网易公司与教育部“爱课程”网（国家精品开放课程共享系统）联合打造的顶尖高校在线学习平台，免费向公众提供中国 985 高校的 MOOC 课程，承接教育部国家精品开放课程任务。中国大学 MOOC 平台于 2014 年 5 月 8 日正式上线，5 月 20 日平台首批课程正式开课。2014 年 8 月 9 日，由浙江大学翁恺老师主讲的“C 语言程序设计”报名人次突破五万。截至 2014 年 9 月 17 日，中国大学 MOOC 平台用户人数突破 100 万，成为中文 MOOC 第一平台，2014 年 12 月 2 日，平台的选课超过 100 万人次，中国大学 MOOC 平台正在蓬勃发展。

中国大学 MOOC 平台是由爱课程网携手网易云课堂联合打造的在线学习平台，其目标是让每一个用户都可以学习到中国最好高校的课程，并获取证书。爱课程网和网易分别建有中国大学 MOOC 平台网站。

“爱课程”网是教育部、财政部“十二五”期间启动实施的“高等学校教学质量与教学改革工程”支持建设的高等教育课程资源共享平台、优质资源服务的网站平台、教学资源可持续发展建设和运营平台，是中国大学精品开放课程的唯一官方网站，高等教育出版社独立拥有或与相关内容提供者共同拥有爱课程网站内相关内容的版权和其他相关知识产权。网站承接着“中国大学视频公开课”和“中国大学共享课”的展示和对课程资源进行运行、更新、维护和管理。中国大学 MOOC 平台的开通是“爱课程”网自 2011 年以来中国视频公开课和资源共享课等优质课程建设和共享基础之上，结合高校教学改革新需求和国外在线课程新形势，不断完善系统设计和平台功能，为推进开放课程建设的又一项标志性成果。

2014 年 5 月 8 日，“爱课程”网中国大学 MOOC 平台正式上线，该平台可以承接全国高等学校 MOOC 课程的建设和应用。该平台页面布局简单，仅包含课程区域和网站信息区域，在课程区域，学习者可以根据 MOOC 课程所属的类型和时间段进行课程查找。到目前为止，“爱课程”网中国大学 MOOC 平台在授课程 71 门，即将上线的课程 45 门，课程涵盖了工程技术、文学艺术、哲学历史、经管法学、基础科学、农林医药等领域。

网易云课堂是网易旗下开发的在线实用技能学习平台，于 2012 年 12 月上线，主要目的是为学习者提供海量、优质、结构严谨的课程资源，学习者可以根据自身的学习程度和认知水平，自主选择课程、安排学习进度。云课堂秉承的宗旨是为每一位想真真正正学到实用知识、技能的学习者提供贴心的一站式学习服务。网易云课堂中的课程形式已经具备了 MOOC 课程的模式和设计原则。

网易中国大学MOOC平台网站首页布局分为四个部分，分别是课程平台介绍区、参与学校列表区、课程列表区和网站信息更新区，并且用户登录界面显示在课程平台介绍区，既可以使用网易云课堂的账号登录，也可以选择使用“爱课程”网的账号登录，登录之后会显示学习者选择的课程列表。与Coursera平台一样，该平台课程页面同样在左侧显示了所有课程的类型及每种类型所含有的课程数量。中国大学MOOC平台汇集了如北京大学、浙江大学、山东大学、复旦大学等来自全国39所“985工程”高校的340门顶级课程，课程涵盖了文化艺术、哲学历史、经管法学、基础科学、工程技术及农林医药等课程类型。MOOC课程完整地呈现了传统课堂的教学环节，定期开设课程、精简短视频的课件呈现方式，课程讨论区中的问答讨论以及作业、考试等都以在线的数字化形式呈现，学完课程并通过考核后可以享有讲师签名的课程证书。

3.MOOC课程学习环境的比较总结

Coursera平台是由斯坦福大学计算机系Andrew Ng教授和Daphne Koller教授于2011年底联合创办的大规模在线开放课程平台，平台于2012年3月正式上线。Coursera是一个营利性的教育公司，以让全世界学习者享用全世界最好的在线课程为目标，将普及全世界最好的教育作为自己的发展使命，通过与世界顶级大学和机构合作的运作方式，向全球所有人提供免费在线课程。

Coursera以有效性学习、掌握式学习、混合式学习及交互反馈式学习为设计方法理念实现其独特的学习体验。到目前为止，Coursera已经与全球140所学校进行项目合作，提供了超过1 500门MOOC课程和专项课程，涵盖了数学、化学、物理、艺术、教育、计算机、金融、医学及社会科学等25种课程类别，包含了英语、中文、德语、法语、俄语等28种授课语言，来自190多个国家、超过一千六百万在线学习者参与了学习，并以继续增长的态势快速发展。Coursera同时为完成课程并通过课程考察的学习者提供官方课程认证证书或专项课程证书，部分学校的课程实现了学分互认，为MOOC学习者提供了一条新的就业途径，增加入职就业的概率。

中国大学MOOC平台以“开放、共享”为教学理念，免费对公众开放课程，学习者可以按照自己的兴趣选择课程，课程结束并通过课程考核后会颁发有授课教师签名的、中国大学MOOC平台认证的认证证书，但目前还不能与大学的学分进行学分互认。

基于前面的分析，我们从平台创建、上线时间、平台定位、特色与理念及合作伙伴和课程数量等角度对案例涉及的两个平台学习环境进行概述比较，可以发现 Coursera 追求的目标和遵循的使命层次更高，发展的范围更广，合作的学校遍布全球，为全球学习者提供免费的课程资源，让更多的人有机会接触到优质的教育资源，积极推进了教育公平、终身学习的步伐。相对于国外 Coursera 的现状，我国起步较晚，还处于探索发展阶段，主要依靠政府支持学校参与的方式进行发展，加强了国家精品开放教育资源建设，同时遵循共享开放的教学理念，积极推进我国 MOOC 课程的建设和管理。

（二）教学团队比较

团队一词是企业人力资源管理中经常使用的一个概念，管理学家德鲁克将一些才能互补并为负有共同责任的同一目标和标准而奉献的少数人员的集合称为团队，乔恩·R·卡曾巴赫将有少数技能互补、愿意为共同的目的、业绩目标和方法而相互承担责任的人们组成的群体称为团体。

目前教学团队并没有一个统一的概念，李桂华（2007）认为：“教学团队是指在高等院校中，由一定数量业务能力互补、教龄年龄梯次和职称结构合理的教组成，他们认同于专业师建设和课程建设等方面的共同目标，并能够积极配合、密切协作、分担责任，其行为和谐统一，共同为打造品牌专业和精品课程而努力的集体。”

俞祖华、赵慧峰等（2008）认为：“教学团队是指为完成共同的教学目标、建设目标，由教学任务相近的教师组成，由教学水平高、学术造诣深的教授领衔与负责，有合理的知识结构与年龄结构，有有效的沟通与合作机制，有合理配置教学资源的途径，经常性地开展教学内容与教学改革的教研，经常性地开展教学经验交流，经常性地开展学术合作，实现优势互补，实现共同发展，实现携手前进的教师群体。”

马延奇（2007）认为：“教学团队须有清晰的教学改革方向，合理的教学团队组成结构，教学团队成员应是在长期合作基础上形成的教学集体，具有合理的职称、知识与年龄结构，良好的教学实践平台，明确的教学改革任务要求。”

虽然教学团队没有统一的概念，但上述观点都包含了相同的内容：合理的职称结构、年龄结构和知识结构，有相似的熟练的业务范围和共同目标，密切合作的教师群体。因此，将从这几方面对这几门课程的教学团队进行分析比较。

“Computer Science 101”的主讲教师是斯坦福大学Nick Parlante教授，Nick教授已经在斯坦福大学讲授这门课长达20年之久，积累了丰富的教学经验，Nick教授非常善于编程，并创建Google Python培训班和代码练习网站，有丰富的讲授程序设计的实践经验。此课程仅由Nick教授独自进行课程讲授。

“计算概论A”课程由北京大学信息科学技术学院李戈教授任主讲教师，冯菲和范逸洲为教学助理，协同北京大学MOOC团队共同完成。李戈是北京大学信息科学技术学院软件研究所副教授，教育部高可信软件技术重点实验室（北京大学）成员，北京大学元培学院导师，当前研究领域包括软件工程、Web知识提取、知识工程、深度学习等。自2006年留校任教以来，主讲“计算概论A”等课程，2008年“计算概论A”课程被推选为“国家级精品课程”。李戈具有丰富的教学经验，授课风格颇受广大学生喜爱。冯菲是硕士，工程师，研究方向为创新教学、教学设计，范逸洲为在读博士硕士研究生，研究方向为MOOC数据分析。

“大学计算机”课程是由西安交通大学教授吴宁、陈文革及讲师崔舒宁联合开发完成的。吴宁是西安交通大学教授，是“大学计算机基础”课程负责人，主持“大学计算机基础”课程的日常管理、课程教学改革的研究和精品资源共享课程等工作，其研究方向是文本挖掘与智能网络学习环境。崔舒宁是本课程的主讲教师之一，主要讲授程序设计和大学计算机基础课程。陈文革是西安交通大学电信学院的教授，主要讲授微机原理与数据接口，大学计算机基础和计算机网络等课程，主要研究方向为：计算机组织与系统结构、计算机网络与数据库应用。三位老师都有丰富的计算机课程教学经历和经验，为该课程的顺利实施奠定了深厚的基础。

“C语言程序设计（上）”课程是由北京理工大学教学团队共同完成的，该团队由李凤霞教授、李明副教授、薛庆副教授、裴明涛副教授、陈朔鹰副教授、讲师余月、陈宇峰、赵三元、鉴萍和助理研究员李仲君等老师组成。李凤霞教授是北京市教学名师，北京理工大学计算机学院教授，现担任教育部高等学校“大学计算机课程”教学指导委员会副主任，是国家级精品课、国家级精品资源共享课程负责人，国家级优秀教学团队负责人，主要研究方向为虚拟现实、数字表演与仿真，目前是“C 语言程序设计”和“大学计算机”MOOC 在线课程主讲人。薛庆是北京理工大学机械与车辆学院副教授，国家级优秀教学团队成员。长期从事计算机教学及科研工作，多年来主讲“计算机基础”“C 语言程序设计”“计算机辅助设计”等课程。余月博士是本课程的联系人，是北京理工大学计算机学院，智能信息技术北京市重点实验室讲师。这些老师都有丰富的计算机课程教学经历和经验，为该课程的顺利实施奠定了深厚的基础。

通过了解我们发现，4 门课程的授课教师都有丰富的计算机方向的教学经验，教学团队各有特点。下面我们从教师的职称结构、年龄结构等方面对 4 个教学团队进行比较分析。在教学团队方面：“C 语言程序设计”教学团队人数最多，“Computer Science 101”“计算概论 A”和“大学计算机”教学团队人数一样多。从教师职称方面看：“Computer Science 101”课程教师为讲师，但其谷歌高级工程师的身份依然说明了其在程序设计方面丰富的经历，两名助教都是著名大学计算机专业的硕士研究生。“计算概论 A”教师李戈教授，两名助教是学生身份，类别单一；“大学计算机”教师的职称涉及教授和讲师两种类别，“C 语言程序设计（上）”教师的职称从教授、副教授、讲师、助教，各类别相对丰富。从教师学历来看：“Computer Science 101”“计算概论 A”“大学计算机”和“C 语言程序设计（上）”的教师学历水平都比较高，团队中教师达到博士或硕士水平。从年龄结构看：“Computer Science 101”课程年龄结构单一，其他 4 门课程的教师年龄结构都有一定的跨度，而“C 语言程序设计”教师的年龄跨度最大，从 50 后到 80 后都有教师参与。综上所述，就教学团队而言，国内 MOOC 课程的教学团队在规模、教师职称、教师的学历等级和年龄跨度方面都有合理的安排。

（三）学习者比较

学习者是学习活动和自我教育的主体，也是教学活动的客体，学习者的认知、情感和社会等特征都会对学习活动产生影响，分析学习者的目的是要了解学习者的一般特征、认知结构、认知能力、学习态度等因素，为以后进行的教学设计提供依据。MOOC 这种不同于传统教育的在线学习方式，教学设计者在设计课程前不可能对潜在学习者进行详细的分析，因此，只能采取设定学习该课程需要学习者具备的知识基础或先修知识。

在MOOC课程的学习活动中，学习者主要是指注册并参加课程学习的人。不同的课程适合不同的学习者，不同的学习者也会根据自己的认知结构、认知能力、喜好和兴趣进行课程的选择学习，也就是说，每一门课程都有其潜在的学习者群体。在进行教学设计时，教学设计者一般要考虑到潜在学习者的认知能力水平以及学习者的认知风格等起点能力，几乎所有的课程都会在课程进行之前对其适用潜在学习者群体进行说明，以帮助学习者进行课程的选择。

斯坦福大学的“Computer Science 101”课程是一门计算机科学的基础性入门级课程，因此，Nick 教授将学习者的范围界定为计算机科学零基础经验的学习者，可以没有任何计算机或者程序设计的经验。

北京大学推出的“计算概论 A”课程也是一门基础性的课程，课程内容是针对信息科学技术专业的一年级本科生设定，对于学习者的初始知识能力不要求也不假设选课学生有任何信息科学技术相关专业的知识背景，也不要求有任何的程序设计知识背景，同时对于具有一定专业知识背景或具有一定程序设计基础的同学，可以选择跳过相应章节，选择有兴趣的章节学习。

西安交通大学的“大学计算机基础”课程是学校的公共基础必修课，是学习其他计算机课程的基础，学习者面向大学一年级新生开设，不要求学习者有计算机方面的经验，可以是零基础学习，同时强调如果具备计算机基本应用技能如 Windows 操作系统基本应用、基本文字编辑、搜索引擎使用等能力，或有较好的高中数学、物理基础，将会对理解课程学习内容有帮助。

北京理工大学的“C 语言程序设计（上）”是一门计算机专业基础课程，也是程序设计的公共基础课程，这门课程对学习者的要求是可以没有先前经验，零基础进行学习，如果学习者学习过“大学计算机基础”等相关课程，将有助于深入了解本课程的部分内容，如果没有任何选修课的知识，建议自学一些简单的信息在计算机中的表达和计算机硬件基本结构的相关知识。

通过梳理各门课程对潜在学习者基础能力和预前知识的要求可以看出：“Computer Science 101”课程要求是最低的，任何学习者都可以进行学习，相比较而言，“计算概论 A”和“C 语言程序设计（上）”课程对学习者的要求会更高一点，需要有一定的计算机操作基础或者是对计算机的结构有一定的了解。同时通过对相关课程的学习，国外基础类的 MOOC 课程在学习者初始能力要求方面比国内相关课程的要求要低，更加利于课程的传播。

二、MOOC 课程教学内容比较

教学内容是为实现教学目的，由教育行政部门或培训机构有计划安排的要求学习者系统学习的知识、技能和行为经验的总和，具体体现在人们制订的教学计划、教学大纲和编写的教科书、教学软件里，教学内容有一定的结构体系，通常以“章”“节”等来表示不同的层次。教学内容的设定都是为了实现一定的教学目的、教学目标，因此研究教学内容首先要理清课程的教学目标，本节内容主要比较课程的教学目标和教学内容。

（一）课程教学目标比较

教学目标是对学习者通过教学后应该表现出来的可见行为的具体明确的表述，是课程设计和教学设计的基础，是学习着在网络教学活动实施中应达到的学习结果或标准。对教学目标的阐明，可以使结果或者标准具体化、明确化，教学目标为制定教学策略提供依据。

教学目标确定了学习者要学习的知识内容，为教师分析教材和设计教学活动提供指南，教学目标不仅制约着教学设计的方向，还决定着教学的具体步骤、方向和组织形式，教学目标还是进行教学评价的科学依据，教师可以以教学目标为标准，在教学过程中充分运用提问、讨论、测验和作业等反馈形式修正教学过程，是教学活动中不可或缺的重要元素。不同的课程对于不同的学习者来说，教学目标是不同的，即使是同一门课程，不同的学习者也会有不同的学习目标。因此，合理的设定教学目标是教学设计的基础和关键。

斯坦福大学的“Computer Science 101”课程是一门计算机科学的基础性课程，属于入门级课程。这门课程介绍了计算机的本质及自然语言代码，计算机相应的硬、软件工作方式以及计算机网络相关的基础知识。课程的教学目标是让学生了解和明白什么是计算机代码以及程序是怎样工作的，而不是追求研究纯粹的编程课程。这门课程对于想进入计算机编程领域的学习者来说，是一门不错的入门课程。

北京大学的“计算概论 A”课程是一门计算机基础性的课程，在课程的首页上，李戈教授对这门课程的定位和课程的教学目标进行了详细说明：这门课程是计算机科学与技术的基础主干课程，属于北京大学的学院平台课，面向的是北京大学信息科学技术学科一年级本科生开设的。这门课程的教学内容分为两个部分，分别对应了课程的两个教学目标：一是计算机基础知识，其目标是帮助学习者建立学习计算机科学技术所需要的基本知识背景；另一部分是 C 程序设计基础部分，目标是让学习者掌握计算机程序设计的基本知识，培养学习者针对实际问题独立设计计算机程序解决问题的基本技能。

西安交通大学的“大学计算机”课程是国家级精品资源共享课，经过重新设计之后形成 MOOC 课程，这门课程是教育部及计算机教学指导委员会指定的公共基础必修课，是学习其他计算机课程的基础，课程是面向大学一年级新生开设的。课程内容主要聚焦在计算模型、系统构造与设计实现三个方面。课程总体目标是：在理解计算与可计算性基本理论、计算机系统平台基本原理的基础上，重点培养初步建立起利用计算机求解专业问题的基本思路、方法和能力。这门课程建有与之相适应的包括知识导航、在线自测、动画演示、实验操作指导等各类丰富的网络教学资源，可以为在线学习提供相当便利的学习环境和条件。

北京理工大学的“C 语言程序设计（上）”课程是一门程序设计的公共基础课程，C 语言具备面向过程程序设计的基本要求，在诸多领域无可替代，适合于构建程序设计基础。对计算机专业的来说，程序设计是专业基础课，是后续专业课程的基础，对于非计算机类专业，程序设计会改变我们的思维，交给我们信息时代如何思考问题，从而能更好地利用计算机科学与技术解决本专业领域的计算相关、信息处理相关的问题。课程以计算思维为导向，以应用问题为牵引，以能力培养为目标，实施“传授知识与思维训练相结合，编程语言与程序设计相结合，自主学习与平台引导相结合”的教学模式。

通过对选取的 4 门计算机基础类 MOOC 课程分析，梳理了各门 MOOC 课程所制定的教学目标，通过对比可以看出，国内外教学设计者在设计课程时就其教学目标而言，“Computer Science 101”这门课程注重计算机最原始最基本的内容，包括工作原理、简单的计算机术语，计算机内部语言以及计算机网络基础及计算机安全等，可以让没有任何基础的广大受众接触到计算机的触及领域，作为计算机科学领域一门引领语言而设立；“大学计算机”则是以计算机的基础部分作为知识背景，学习更为高级的计算机编程语言，讲求培养利用计算机编程解决实际问题的能力；“计算概论 A”将基础的专业结合为整体，同样以简单的基础为铺垫，学习计算机编程语言，“C 语言程序设计（上）”对学习者的教学目标要求是最高的，要求其学习者所具备的认知水平会有所提高。但从教学目标的明确度来说，国内两门 MOOC 课程的教学目标并不明确，学习目标较为模糊，教学目标与学习资源和评价的关联度不高。

（二）课程教学内容比较

本节主要内容是梳理归纳 4 门计算机 MOOC 课程的教学内容，以表格的形式呈现出来，通过教学内容的分析，比较课程在教学内容设置以及教学内容的深浅程度。

1.“Computer Science 101”课程教学内容

“Computer Science 101”这门课程共分为 6 周的学习内容，包含 29 个小节，即包含 29 段 MOOC 课程的微视频，平均每段视频长度约为 13 min。

2.“计算概论 A”课程教学内容

北京大学的“计算概论 A”这门课程共有 14 周期的课程，101 个教学视频，平均每段视频长度 12 min，教学内容主要分为两个部分：计算机基础知识和 C 程序设计基础。计算机基础知识部分主要讲述计算机的历史与未来、计算机基本原理和程序运行的基本原理（Week 1～3）。C 程序设计基础部分又分为四迭代周期：周期一是感性认识计算机程序（Week 4～5），周期二是理性认识程序设计语言（Week 6～8），周期三是学会使用函数，（Week 9～10），周期四是学会使用 C 程序中的复杂成分（Week 11～13），最后进行程序设计基础总结（Week 14）。

3.“大学计算机”课程教学内容

西安交通大学的“大学计算机”这门课程实际含有 12 周的教学内容和 2 周的考试课，详细分为 63 讲的内容，主要教学内容分为以下几个部分：计算机系统的组成及主机系统、图灵机模型及计算、信息的表示与编码、硬件系统构造、操作系统基础、网络技术及应用、C 语言程序设计基础、程序控制结构、数组与结构体、函数、指针、算法分析与设计以及问题的求解过程等 12 项内容。

4.“C 语言程序设计（上）”课程教学内容

北京理工大学的“C 语言程序设计（上）”这门课程实际含有 18 周的教学内容，包括“C 语言程序设计（上）”8 周和“C 语言程序设计（下）”10 周时间，本文仅讨论“C 语言程序设计（上）”的教学内容，包含 35 讲，主要教学内容分为以下几个部分：C 语言与 C 程序，算术运算、关系运算、逻辑运算和位运算的程序实现，循序结构、选择结构和循环结构的程序实现，数组及其应用等。

通过对“Computer Science 101”“计算概论 A”“大学计算机”和“C 语言程序设计（上）”4 门 MOOC 课程教学内容的简单介绍可以看出：虽然都是计算机的基础类课程，但是课程的教学内容却有很大的差异。

首先是课程所教授的教学内容侧重点不同。“Computer Science 101”这门课程更多地侧重于基本概念的讲解，包括计算机运行原理、系统内部软硬件、计算机代码、变量、字节、数据类型及控制结构、计算机网络安全等最基本信息的讲授。“计算概论 A”则更多地侧重于 C 程序设计方面的教学内容，这与其教学目标——培养学习者运用程序解决实际问题的能力——的描述相一致，以计算机基本知识作为先前知识背景，详细介绍了 C 语言程序设计的各个方面，按照大学传统课堂的知识点的讲解顺序进行讲解，但效果却很理想。“大学计算机”的侧重点分为两部分，一部分是 C 程序设计方面，另一部分是计算机最基本的进制转换、计数制的相互转化、计算机硬件系统，诸如各种逻辑运算和逻辑门、触发器、指令以及计算机网络等计算机方面的基础知识。“C 语言程序设计（上）”教学内容就是讲解 C 语言及程序设计基础，具有很强的专业性，但是实际讲解过于简单，教学并不十分吸引人，讲解类似于传统课堂的翻版。

另外，4 门课程教学内容的呈现方式和教学所用的时间也存在相当大的差异。北京大学的“计算概论 A”虽然以 Coursera 平台为依托，但其教学内容的设计依然保留了传统中国式的上课形式，将传统的教育形式与现行的 MOOC 教学模式相结合，取得了很好的教学效果；“大学计算机”和“C 语言程序设计（上）”这两门课是基于国家精品资源共享课开发的，但不同于其他两门课程的地方就是在教学内容中嵌入了适当的测试题，巩固了所学习的内容，同时可以提示学习者的注意事项，提高学习者的学习效率，但教学内容仅仅是传统课堂照搬过来的，枯燥乏味，讲解不深入流于表面。

总括上述的比较，反映出中美之间不同的教育体制和传统的教育观念，这一点可以从 MOOC 课程教学内容的设计上可以看出，中国的课程更多地倾向于实际应用问题的解决，而美国的教学内容更多地倾向于基本概念，原理的把握以及基于此的创造力的培养。此外，国内的 MOOC 课程多将传统课堂的实况进行录制后编辑呈现，而不是依据 MOOC 这种特有的教学模式重新设计，相比之下，国外的 MOOC 课程内容设计得更加贴切。

三、MOOC 课程学习资源比较

学习资源是 MOOC 课程建设的关键和核心，是教学过程不可或缺的构成性资源，也是影响教学活动正常进行的影响性资源。为了更好地描述学习活动过程中各种资源的作用，我们以学习者进行学习活动的顺序为切入点，将学习资源分为课程引导资源、课程学习资源和课程交互资源三种类型，下面将从这三个方面对学习资源的设计进行分析比较。

（一）课程引导资源比较

引导型资源主要是在课程开始之前呈献给学习者，帮助学习者更好地了解所学课程内容信息的资源形式，学习者通过对引导型资源的学习，可以对要选择课程的基本信息，如课程的教学大纲、授课教师、教学安排等有一些初步的认识和了解，以确定该课程是否适合和满足学习者本人的需求。引导型学习资源是进行正式学习前所不可或缺的资源形式，是进行正式课程学习的前期准备阶段。本书选取的 4 门计算机基础 MOOC 课程也都有丰富的引导型学习资源，下面将对 4 门课程的引导资源分别进行分析比较。

Coursera 平台上斯坦福大学的“Computer Science 101”这门 MOOC 课程包含的引导型学习资源主要包括课程定位、课程信息（课程概述）、授课大纲、常见问题解答、课程班次、课程简介、课程类型、教授团队和课程分享。课程定位介绍了这门课适合的学习者类型、课程的上课形式以及课程模式，并提供了课程教学内容预览；课程信息描述了这门课程开设的原因、学习方式、所要解决的问题和课程目标；授课大纲部分讲述了这门课程所要讲授的学习内容和资源类型；常见问题解答主要就学习者对于本课程关心的一些问题进行解答，如课程学习该课程是否需要先前经验、计算机背景、课程使用的计算机语言等；该门课程的课程班次是设定的自学形式，课程包含了6周的内容，要求学习者每周拿出3～5 h的时间参与课程的学习，课程以英语为授课语言，提供中文、英语等 5 种语言字幕可以满足不同国别学习者的需求。这门课程是计算机科学软件工程的基础课，课程由斯坦福大学 Nick Parlante 教授进行授课，学习者可以通过社交媒体工具 Tweet、WeChat（微信）和电子邮件将课程进行分享交流。

Coursrea 平台上北京大学的“计算概论 A”这门课程所包含的引导型学习资源包括课程定位、课程信息（课程概述）、授课大纲、先修知识、参考资料、授课形式、常见问题解答、课程班次、课程类型、课程简介、授课教师和课程分享。课程定位介绍了课程面向的学习者和课程的教学目标；课程信息部分介绍了课程的学习内容，每一部分的课程内容所占总课程的比例，课程讲授学习的方式，课程要解决的问题等，并通过课程介绍视频进行展示；授课大纲详细地列出了课程要讲授的所有学习内容以及每部分学习内容的上课周期；先修知识介绍了学习该课程前应有的知识准备；参考资料部分推荐了学习本课程的国内外相关的教材信息；授课形式介绍了课程内容的组织方式以及每部分内容设定的目的；常见问题解答了这门课程最终成绩的评定方式。本课程所在的班次的时间为 2014 年 9 月 15 日至 2014 年 12 月 30 日，课程长度是为期 14 周的学习时间，需要学习者每周 6~8h 参加课程的学习，课程的讲解语言为简体中文，课程完成并通过考核后会发放官方承认的认证证书。这门课程是计算机科学软件工程理论课程，课程由北京大学李戈教授进行授课，学习者可以通过社交媒体工具 Tweet、WeChat 和电子邮件进行课程的分享和交流。

中国大学 MOOC 平台上西安交通大学的“大学计算机”这门课程所包含的引导型学习资源包括课程定位、课程概述、授课大纲、预备知识、证书要求、参考资料、常见问题解答、课程班次、课程信息（课程内容类型、课程类型等）、授课老师和课程分享。课程定位介绍了这门课程的总体目标、课程主要内容和课程的宣传材料；课程概述部分介绍了大学计算机的课程地位，课程教学内容的总体安排；预备知识介绍了学习课程前需要的知识准备；证书要求介绍了课程考核方式、成绩计算方式和证书分数要求；授课大纲列出了课程的学习周期以及每个周期具体的学习内容；参考资料推荐了与该课程相关的教材，常见问题解答了学习这门课程的预备技能和学习后可以达到的能力。课程信息包含了课程开设时间及当前课程授课进度，课程时长、课程负载、内容类型、授课教师和课程共享，这门课程初次开课时间是 2014 年 9 月 15 日，结束时间是 2015 年 1 月 31 日，课程时长 12 周，需要学习者每周 2~3 h 的学习活动时间，课程内容类型包括视频、富文本、随堂测验和讨论，学习者可以通过社交媒体工具微博、QQ 和人人网进行课程的分享和交流。

中国大学 MOOC 平台上北京理工大学的“C 语言程序设计（上）”这门课程所包含的引导型学习资源包括课程定位、课程概述、证书要求、预备知识、授课大纲、参考资料、常见问题解答、课程班次、课程信息（课程内容类型、课程类型等）、授课老师和课程分享。课程定位介绍了 C 语言由来和课程的引入；课程概述介绍了 C 语言程序设计的课程地位，课程教学内容安排和课程目标；预备知识介绍了学习课程前需要的知识准备；证书要求介绍了课程考核方式、成绩计算方式和各部分成绩所占比例；授课大纲列出了该课程的学习周期以及每个周期具体的学习内容；参考资料推荐了与该课程相关的教材和本课程的精品资源共享课程，常见问题解答了学习过程中可能出现的问题。课程信息包含了课程开设时间及当前课程授课进度，课程时长、课程负载、内容类型、授课教师和课程共享，这门课程初次开课时间是 2014 年 10 月 8 日，结束时间是 2015 年 1 月 31 日，课程时长 8 周，需要学习者每周 2~3 h 的学习活动时间，课程内容类型包括视频、文档、富文本、随堂测验和讨论，学习者可以通过社交媒体工具微博、QQ 和人人网进行课程的分享和交流。

（二）课程学习资源比较

课程学习资源是在学习活动实施过程中对学习者的学习起支持作用的各种类型的资源，学习者的学习活动是基于学习资源而开展的，学习资源类型的多样性与否很大程度上影响学习者对学习内容、知识与技能的理解掌握。同时，MOOC 这种学习模式以在线学习为基础，课程学习资源的及时可获取性和可下载性都会对学习者的学习体验造成很大的影响，因此，及时获取课程学习资源可以保证学习者按照教学安排有序的学习，允许学习者下载的课程学习资源，可以帮助学习者合理安排学习时间，同时还方便学习者在线下进行课程的学习，以达到巩固的目的。在本节内容中，笔者将对 4 门课程案例的课程学习资源进行分析比较，以获取他们在课程学习资源设计上的差异。

“Computer Science 101”课程中学习资源主要包括可下载的课程视频讲座（Lecture），视频讲座的文件（Lecture Document）、课程之后的练习作业、图像函数索引、RGB 浏览器，教学大纲及常见问题解答，TXT 和 SRT 两种格式的字幕文件以及课程中穿插的测试练习题、课程的 Wiki 和其他的学习支持资源。每周的学习内容以短视频的方式呈现，并标注了每段视频大体的时间长度，便于学习者记录和学习。课程的练习作业也在一定程度上帮助学习者检测当前学习内容的掌握程度。

“计算概论 A”课程中学习资源主要包括可下载的视频课程、PDF 格式的课程电子讲稿、练习题（包括思考题、编程作业和调查）、课程内部的中文字幕、教学大纲及评分标准、Openjudge 服务、参考教材与资料、外部资源链接等内容。课程视频以时间不等的短视频的方式呈现，都介于 5~20 min，在视频标题之后有明确的时间长度，字幕的提供极大地方便了学习者对课程的理解程序，练习题的设置可以在一定程度上检测学习者的掌握程度，便于学习者自己检测或巩固知识，论坛的提供极大地帮助了学习者讨论、交流和咨询课程内容，解答疑难问题，加强了学习者等之间的交互，消除学习者在线学习的孤独无助的情绪。

“大学计算机”课程所包含的课程学习资源包括授课视频、PDF 格式的授课电子讲稿、课程中的测试题、中文视频字幕、测验与作业、评分标准、教材和网络参考资料，该课程的授课视频不能下载，但允许下载电子讲稿。课程视频也是以时间不等的短视频呈现，配以中文字幕，更好地帮助学习者理解所讲授的内容，课件形式主要是以 PPT 的形式呈现，讲课形式跟传统的课堂教学形式一样，提供参考资料可以在一定程度上帮助学习者理解学习内容和进行更深一步的学习，练习题的设置可以在一定程度上检测学习者的掌握程度，便于学习者自己检测或巩固知识，课程论坛在一定程度上加强了师生之间和学生之间的交流，但利用率不高。

“C 语言程序设计(上)”课程所包含的课程学习资源包括授课视频、PDF 格式的授课电子讲稿、课程中的测试题、中文视频字幕、测验与作业、评分标准、教材和网络参考资料，该课程的授课视频不能下载，但允许下载电子讲稿。课程视频也是以时间不等的短视频呈现保持在 10 min 之内，配以中文字幕更好的帮助学习者理解所讲授的内容，讲课形式跟传统的课堂教学形式相似，主要是课件内容的讲解，练习题的设置可以在一定程度上检测学习者的掌握程度，便于学习者自己检测或巩固知识，课程论坛也在一定程度上加强了师生之间和学生之间的交流，但利用率不高。

（三）课程交互资源比较

“Computer Science 101”“计算概论 A”“大学计算机”和“”C 语言程序设计（上）”课程都设计提供了交互性资源。“Computer Science 101”提供了论坛讨论区（Discussion Forums）和课程维基（Course Wiki）两种课程交互资源；“计算概论 A”提供了交流板块，包括讨论组、助教支持、热点问题回答及编程方面的常见问题解答；“大学计算机”和“C 语言程序设计（上）”分别设置了课程讨论区，方便学习者讨论课程的相关内容。笔者将对 4 门课程的交互性资源分别进行介绍，然后在对交互性资源进行比较分析。

“Computer Science 101”这门课程提供了两种交互性的学习资源，一种是课程的讨论区，另一种是课程维基。课程讨论区分为子版块和所有主题两个区域，子版块分为 4 个讨论区：基本论坛区、任务区、学习小组和技术问题区。基本论坛区主要探讨关于课程、生活等一切被允许的事情，大部分学习者在此区内进行日常的学习、生活、工作、社交等方面的交流；任务区就每周的学习内容、任务、碰到的问题进行讨论，可以回答其他学习者的问题并参与讨论，也可以创建一个新的主题；学习小组区是学习者寻找学习同伴，安排见面会，线下讨论有关课程的相关内容；技术问题区是供学习者发现并报告视频内容、教学幻灯片，作业或者是网站平台等的一些技术问题的区域。所有主题区域罗列了包含以上所有讨论的内容，学习者可以通过点击最新主题、最后更新、最新创建这 3 个按钮对所有主题进行排序，同时学习者也可以通过快速连接定位到自己最后的讨论活动。目前参与讨论的主题超过 3 000 条，超过上万条参与讨论的回复，课程论坛在学习过程中起到了非常重要的作用。课程维基是创建交互性资源的良好区域，学习者不仅创建新的课程维基，还可以修改他人的，不过要得到其他学习者的认定，可以查看课程维基的历史记录，了解其他学习者的学习活动。课程维基中还提供了课程的列表，学习者可以参与课程视频的字幕翻译以及创作工具等工作。

“计算概论 A”课程的交互性资源包括课程讨论论坛和一些常见问题及编程问题的解答。这门课程的课程讨论区是由子讨论版块和主题汇总区两部分构成，子讨论区版块又分为学问区、事务区、学友交流区、课程材料错误区、技术问题区和签名认证问题区 6 个部分。学问区主要解决与所学内容相关的问题，在这个讨论区学习者可以提出问题或者是回答其他学习者的疑问；事务区主要是讨论与上课有关的“杂事儿”，如怎么查看成绩？成绩与证书的问题，课程咨询等相关问题；学友交流区主要汇集了学习“计算概论 A”这门课程的学习者，共同讨论课程的内容与疑问，共同交流；课程材料错误区则是汇集并纠正学习者在学习过程中发现的讲座、任务以及其他课程材料中的错误，更好地提升学习资源的质量；技术问题区是帮助学习者解决在学习过程中碰到的错误信息或者是难以提交的任务；证书签名追踪区主要是解决这门课程证书认证或者签名追踪的问题，联系 Coursera 签名追踪支持团队以解决打字认证、摄像头照片提交以及签名追踪相关的配置文件等问题。所有主题区域显示了自开课以来学习者在此版块发表的主题，目前超过 500 多条主题，参与讨论的人数超过上万人，课程论坛在课程学习过程中起着非常重要的作用，实现了师生交流以及学习者与学习者之间交流的功能，同时又对学习者感到疑惑的问题进行间接性的答疑，促进了学习者学习的积极性。

“大学计算机”课程的讨论区与前门课程的讨论区相似，子版块包含老师答疑区、课堂交流区和综合讨论区三个部分，老师答疑区主要发表希望得到授课老师解答的关于作业、测试、课件内容的相关问题；课堂交流区是在课程开设期间对课件等教学内容的讨论；综合讨论区可以发表任何与大家想分享的经验及想法，关于课程教学、生活、工作等一般性的话题。全部主题显示了课程开始之后发表的所有关于课程的主题，关于课程内容出现的问题求解居多，这门课程的论坛讨论并不活跃，很多问题有问而无答，学习者参与率不高。

“C 语言程序设计（上）”这门课程的讨论区与“大学计算机”课程的讨论区相似，子版块包含老师答疑区、课堂交流区和综合讨论区 3 个部分，老师答疑区主要是授课老师解答的关于作业、测试、课件内容的相关问题；课堂交流区是在课程开设期间对课件等教学内容的讨论；综合讨论区可以发表任何与大家想分享的经验及想法，关于课程教学、生活、工作等一般性的话题。全部主题显示了课程开始之后发表的所有关于课程的主题，关于课程内容出现的问题求解居多，这门课程的论坛讨论并不活跃，很多问题有问而无答，老师和学习者参与率都不高。

综合上述对 4 门课程所含有的交互性资源的分析可以看出，4 门课程都含有不同层级的课程讨论区，实现的功能都是为了解决课程教学活动及学习活动过程中出现的问题，但国内两门 MOOC 课程的交互性资源利用率不高，教师和学习者参与互动的积极性不高，问题的反馈也不及时，课程总体的交互水平偏低且不平衡，很多教师并未回复过学生的帖子，这也可能是造成论坛利用率低的原因；国外 Coursera 平台不仅开辟了在线的互动交流资源，积极鼓励学习者参与课程的交流讨论，而且还发展了课程线下的活动小组，为线下学习者的学习提供了良好的学习与交流平台，这种交互式学习资源的设计方式值得我国教学设计者进行借鉴。

四、MOOC 课程学习评价比较

学习评价是教学设计的重要因素之一，是修改和完善教学活动的基础。在教学实施过程中，学习评价始终贯穿于整个教学活动，贯穿于整个课程的教学设计中。MOOC——大规模在线开放课程——这一特殊的在线教学形式，使得学习评价这一教学环节显得更为重要。在进行 MOOC 课程的教学设计过程中，教学设计者要从组成教学活动的各个要素、不同的角度和层次对学习者进行评价。教学评价要考虑教学对象、教学目标、教学大纲、教学内容等多种影响因素。教学评价对教学活动有一定导向功能，教学评价也作为一种教学的反馈形式，对教学活动起着调节作用；评价贯穿于整个教学活动，存在于学习者的学习活动中，对学习者的学习起到了诊断的作用；教学评价是对教学过程和学习结果的诊断和监督，在一定程度上激励着教师和学习者。

（一）评价方式比较

教学评价按照其在教学或学习过程的功能，可以分为诊断性评价、形成性评价和总结性评价 3 种类型，诊断性评价发生在教学活动之前，对学习者的学习准备情况进行预测，了解学习者的认知水平，以便制定相应的教学策略；形成性评价发生在教学活动过程中，为了引导学生学习及完善教学，对学生的阶段性学习结果进行评价，如每章教学内容后的小测验等。在 MOOC 课程的学习活动中，形成性评价占有比较重要的地位；总结性评价发生于学习活动之后，是为检测学习者学完整个课程达到的学习水平而进行的评价，如期末考试。根据评价主体的不同可以将教学评价分为自我评价、同伴互评、教师评价等多元化的评价方式。下面将结合具体课程案例对教学评价的方式进行分析。

“Computer Science 101”课程的教学评价主要是形成性评价或过程性评价，这门课程是一门自学课程，在设计教学内容时，课程设计者 Nick 教授在课程讲座中嵌入了部分小测验，这些小测验一方面可以提醒学习者在学习过程中保持注意力，另一方面也可以让学习者检测前面的学习内容是否掌握。Nick 教授为这 6 周的课程设计了相应的练习题，每一节的内容结束后，学习者要在规定的时间内提交课后练习，作为学习过程中对前面知识掌握程度的考察，在课程结束后没有安排最终的考核。

“计算概论 A”课程的教学评价方式主要是形成性评价和总结性评价。在课程开始后，每周的内容结束以后，课程助教都会结合本周的教学内容设计相应的编程作业，要求学习者在规定的时间内将作业进行提交，并会在下一次上课前公布作业的答案，学习者也可以就编程作业的内容及教学内容在讨论区与学友共同进行讨论，相互促进。学习者在完成作业的同时既巩固了所学的知识，又对自己的学习情况进行把握，根据实际情况进行自我调节、自我反思。课程实施过程中安排了期中考试和期末考试，同样也是对学习者经过学习后所达到的水平和对知识的理解掌握程度的一个考察，测试的答案是通过评阅系统自动阅卷完成。课程结束后，教师通过综合学习者在思考题、编程作业、期中、期末考试及论坛讨论中的分数和表现，按照预定的课程评分标准对学习者进行评定，最终成绩高于 60 分即通过该门课程的学习，可以获得合格证书，最终成绩高于 85 分可获得优秀证书。该课程最终注册人数达到 16 414 人。

“大学计算机”课程的教学评价方式也包括形成性评价和总结性评价。在设计课程视频时，在当节的视频后添加了随堂测试题，学习者通过视频的学习后，可以通过随堂测验对学过的内容进行检测。当一周的课程结束后，教师针对本周内容设计相应的练习作业和单元测试，在巩固单元内容的同时，检测学习者对课程内容的学习情况，针对学习情况修改后面的教学策略等因素，学习者也可以根据作业和单元测试的结果对学习的内容进行复习，体现了教学评价的诊断功能和导向功能。每周的作业和单元测试都需要在教师规定的时间内完成并提交，超过截止日期将不会得到计分，这种方式极大地促进了学习者的学习热情。单元测试的评价是通过自动评分系统评价的，每周的作业实行学习者互评的方式，这种评价方式不仅评价了他人，而且使自己得到了成长，促进了课程学习者的交流。此外，课程设有论坛讨论区，学习者可以将自己不明白、不理解的地方通过讨论区与其他学习者共同讨论，相互学习。课程设计了期中考试和期末考试作为课程阶段性和总结性的评价标准。课程结束后，教师按照预定的评分标准，对学习者各项成绩进行整合，进行综合评定，满足条件的学习者可以申请由中国大学 MOOC 平台认证发放的课程证书。

通过与课程设计者沟通得知，“大学计算机”课程最终选课人数达到 11 425 人，实际完成课程人数仅为 1 089 人，考核合格人数为 115 人，优秀者人数仅仅有 54 人。由此可见 MOOC 课程的学习者辍学率是非常高的，能坚持到最后的学习者仅有约 1/10，显然没有达到预期的效果。

“C 语言程序设计（上）”课程的教学评价方式包括形成性评价和总结性评价。在设计课程视频时，在当节的视频后添加了随堂测试题，学习者通过视频的学习后，可以通过随堂测验对学过的内容进行检测。每周的课程结束后，教师针对本周内容设计相应的练习作业和单元测试，在巩固单元内容的同时，检测学习者对课程内容的学习情况，针对学习情况修改后面的教学策略等因素，学习者也可以根据作业和单元测试的结果对学习的内容进行复习，体现了教学评价的诊断功能和导向功能。每周的作业和单元测试都需要在教师规定的时间内完成并提交，超过截止日期将不会得到计分，这种方式极大地促进了学习者的学习热情。单元测试的评价是通过自动评分系统评价的，每周的作业实行学习者互评的方式，这种评价方式不仅评价了他人，而且使自己得到了成长，促进了课程学习者的交流。

此外，课程设有论坛讨论区，学习者可以将自己不明白、不理解的地方通过讨论区与其他学习者共同讨论，相互学习。课程设计了期中考试和期末考试作为课程阶段性和总结性的评价标准。课程结束后，教师按照预定的评分标准，对学习者各项成绩进行整合，进行综合评定，满足条件的学习者可以申请由中国大学 MOOC 平台认证发放的课程证书。

通过对 4 门 MOOC 课程教学评价设计的分析可以看出，国内外 MOOC 课程设计者在设计教学资源时都会考虑教学评价的应用，而且更多地倾向于过程性、形成性评价及总结性评价的应用。“大学计算机”课程引入了同伴互评的评价方式，Coursera 将传统课堂中的同伴互评方式成功地引导到 MOOC 课程的教学评价中，其平台上的课程大都会采用这种评价方式。从教学评价设计方面看，4 门 MOOC 课程有相似的教学评价设计。

（二）评价资源比较

课程评价资源主要是用来诊断学习者在 MOOC 课程学习过程中所表现的状态以及检测学习者通过课程内容学习后达到的掌握课程内容程度的一种资源形式，这种评价性资源具有诊断学习程度、提供课程学习导向、激励学习者学习等教学功能。MOOC 课程中设置课程评价资源，不仅可以作为衡量学习者学习水平的工具，而且可以作为学习者自我检查、自我评价的资源，学习者可以以此作为调整学习进度的有效工具。“大学计算机”“C 语言程序设计（上）”“计算概论 A”以及“Computer Science 101”这四门课程中也都设计了丰富的评价资源，本部分将对 4 门课程中所设计的评价资源分别进行分析，然后对课程评价资源的情况进行比较。

“大学计算机”课程中包含的评价资源分为两部分，一部分是课程课件中添加的讲间练习测试题，目的是检测学习者在学完本节课后对本节内容的掌握情况；二是跟随在每周课程结束后的测试与作业，这种评价资源的目的是巩固本周所学的课程内容，并对学习者的掌握程度进行考察，单元测试题主要以选择题为主，系统自动评分，学习者可以进行 3 次测试，系统会记录每一次的得分，并提取最高分为有效分数。单元作业采用学习者之间互评的方式进行，周单元测试和作业有明确的截止时间，在截止时间前提交成绩被记录，超过截止时间后的提交不计分数。

“C 语言程序设计（上）”这门课程中包含的评价资源和“大学计算机”课程的评价资源一样，也分为两种评价资源，一种是课程中添加的讲间练习测试题，目的是检测学习者在学完本段教学内容后对内容的掌握情况；第二种是每周课程结束后的测试与作业，这种评价资源的目的是巩固本周所学的课程内容，并对学习者的掌握程度进行考察，单元测试题主要以选择题为主，系统自动评分，学习者可以进行 3 次测试，系统会记录每一次的得分，并提取最高分为有效分数。单元作业采用学习者之间互评的方式进行，周单元测试和作业有明确的截止时间，在截止时间前提交成绩被记录，超过截止时间后的提交不计分数。

“Computer Science 101”这门自学课程的课程评价资源主要是针对每一

节内容而设置的内容测试，这部分测试题用来测试学习者对当节内容的掌握程度。由于是自学模式，所以规定的测试时间都是无效的，仅仅是通过测试进行知识的巩固，而不会计分，学完之后也不会取得认证证书；还有一些章节的课程讲座内容中嵌入了随堂小测验，视频到达测试题会自动停止，直至学习者提交答案，这可以让学习者更加集中精力的去听课，同时教师平台也可以通过学习者停留的时间判断学习者的学习状态。

“计算概论 A”设计的课程评价资源通过练习题这一模块给出，主要包含了思考题和编程作业，还有课程开始与结束后的调查问卷，问卷主要调查了学习者的年龄分布、目前的年级及职业状态、学习者地域分布以及学习者认知基础和选课的动机等。思考题设计了三个题目：第一个是通过网络查询等方式了解自己所用计算机的硬件组成和技术参数；第二个是指针作业，该思考题允许学习者进行多次的练习；第三个题目是期末测试题，题型包含了单项选择、不定项选择和填空题。作业部分主要是为 C 语言程序设计部分设计的，目的是考察学习者对程序设计中相关知识点的掌握程度。

通过对 4 门课程所设计的课程评价资源进行分析，我们可以发现 4 门课程对学习者的学习都采取了一定的评价机制，能够让学习者通过作业和测试巩固所学习的内容，可以得到相对及时的反馈，同时“大学计算机”课程的主观测试题部分采取了同伴互评的原则，解决了少量教师和助教面对广大学习者的局面，同时让学习者成为评价者，不仅可以对其他学习者的作业进行评价，同时还可以巩固所学到的知识，有利于学习者之间的学习和交流。

第五章　高职院校计算机实践教学质量保障

第一节　高职院校实践教学质量保障体系

高职院校肩负着培养适应生产、建设、管理、服务第一线需要的高素质技术应用型人才的目标，这一目标的实现很大程度上取决于实践教学的开展，只有通过对学生开展大量高质量的实践教学，才能使学生掌握精深的专业知识和娴熟的职业技能。因此，研究高职院校实践教学质量保障体系，保障和提高高职院校实践教学质量，从而促进高职院校培养目标的实现，都有着重要意义。对于高职院校计算机应用专业情况也与此类似，构建高职院校计算机应用专业实践教学质量保障体系，有助于保障和提高高职院校计算机专业实践教学质量，促进高职院校计算机职业人才培养目标的实现。

一、高职院校实践教学质量保障的研究现状

教学质量一直是高职院校发展的生命线，所以关于这一课题的研究受到国内高职院校的普遍关注。自从 1999 年第三次全国教育工作会议做出大力发展高等职业教育决定以来，我国高职院校得以蓬勃发展。本节重点查阅这一段时间所发表的论文、专著，并针对高职院校实践教学质量保障方面的研究做出综述。在中国期刊网的学术文献总库中，输入“教学质量保障”或含“教学质量保证”作为主题检索条件进行检索（检索时间为 2017 年 3 月 5 日），2008 年 1 月至 2017 年 3 月关于这一主题的论文有 4 062 篇，其中关于高职院校教学质量保障的有 258 篇，但关于高职院校实践教学质

量保障的却仅有55篇。

在数量上，十余年来有关高职院校实践教学质量保障的研究大致上可分为三个阶段：第一阶段为2008年到2012年，这一阶段高职院校非常逐渐注重学校办学规模，高职院校阶段步入快速发展阶段，但高职院校教学实为本科教育的压缩饼干，对高职院校实践教学质量保障的关注较少，关于这一方面的论文仅占全部论文数的3.6%；第二阶段为2012年到2015年，在这一阶段教育部颁发了《国务院关于加快发展现代职业教育的决定》（国发〔2014〕19号），这个文件的出台，标志着高等职业教育的工作重心发生了根本性的转变，从重点抓规模扩张转向以内涵建设，重点抓教学质量上，实践教学质量的提高也逐渐得到重视，关于高职院校实践教学质量保障的文章也陡然增加，达到13篇，占全部论文的23.6%；第三阶段为2015年至2017年3月份，教育部于发布了《高等职业院校人才培养工作评估方案》，其中明确规定高职院校要把实践教学作为专业教学的重要核心环节，纳入课程体系的整体设置中，理论教学应与实训、实习密切联系，实践类课时占总教学时间的 50%以上，高职院校对实践教学质量保障的研究进一步加深，关于这方面的论文多达40篇，占全部论文的72.7%，2017年到3月 5 日为止就发表了 8 篇这一方面的论文。综观这些论文，主要涉及高职院校实践教学质量保障存在的问题及对应措施，构建切实可行的质量保障体系来保障和提高高职院校实践教学质量的研究却相对缺乏，在55篇关于高职院校实践教学质量保障研究的论文当中，只有23篇是完全研究构建高职院校实践教学质量保障体系的，而关于高职院校计算机应用专业实践教学质量研究的论文有56篇。

国外专家学者也很关注高职院校教学质量保障，尤其是实践教学质量保障的研究，并已取得显著成果，逐渐形成了具有各自特色的高职院校实践教学质量保障体系。在这些研究中，美国、澳大利亚和德国以各自国家的特色和时代要求为出发点，积极探索高职院校教学质量保障，已逐渐形成在世界上影响力较大的高职院校教学质量保障体系。

二、关于高职院校实践教学质量保障问题研究

对于高职院校实践教学质量保障问题研究归结起来主要集中在如下几个方面，这些问题制约了高职院校实践教学质量的提高：

（1）教学质量保障观念落后。我国的高等教育长期以来一直提倡精英教育，作为一种稀有资源，教育提供者疏于考虑质量问题。尽管目前很多高职院校已充分认识到提高教学质量的重要性，但由于办学经费所限，往往出现重数量、轻质量，重收益、轻实效的情况，在一定程度上制约了办学质量的提高。

（2）缺乏有效的实践教学管理制度。高职院校实践教学的管理理念相对滞后，管理制度不完善，还沿用了以往传统的管理方式和手段，习惯于按过去的经验和传统模式实施实践教学管理。有些制度已不适应当前高职院校工学结合、校企合作的人才培养模式，因此需要在新的人才培养理念和人才培养模式下进行制度改革和创新。

（3）缺乏科学的实践教学评估标准。高职院校实践教学具有异于理论教学之特点，用传统的评估标准来进行评价是不合适的，也不能局限于简单几个环节的评议，而应通过综合性强，科学、系统的评价体系才能完成，而这恰恰是高职院校实践教学评估中所缺乏的。

（4）实践教学设备投入不足。近年来，尽管各级政府加大了对高职院校的资金投入，高职院校为增强办学实力，也投入了大量资金用于购置实践教学设备，总体上，高职院校的实践教学条件已经得到了较大改善。但由于高职院校的办学规模扩张较快，在校生人数增长迅猛。相对于学生数的增加，投入实践教学设备的经费就显得杯水车薪；而且高职院校的实习、实训基地对学生开放不足。所有这些都导致学生使用实践教学设备的机会较少，实际动手的时间有限，实践教学的效果和质量大打折扣。

（5）实践教学师资力量薄弱。高职院校普遍缺乏具备精深的专业知识和娴熟的实践设备操作技能的实践教学指导教师，校内能胜任实践教学指导工作的专任教师也为数不多，而聘请企业或行业的能工巧匠和一线技术人员兼任实践教学指导教师又相当困难，目前高职院校还没有真正形成能有效指导学生实践教学的专兼结合的专业教学团队。

以上在保障高职院校实践教学质量中存在的种种问题，在高职院校计算机应用专业实践教学质量保障中一样存在，所以有必要研究高职院校计算机应用专业实践教学质量保障体系，构建行之有效的高职院校计算机应用专业实践教学质量保障体系，使实践教学向着有序、实效的方向发展，更好的发挥实践教学在高职院校计算机应用专业人才培养中的作用。

三、关于高职院校实践教学质量保障体系内涵的研究

自20世纪后期伊始，高职院校逐渐发展壮大，教学质量保障也逐渐走入专家学者的视野。专家学者开始把高职院校教学评估与质量保障联系起来，提出了建立教学质量保障体系的设想，并进行了很多积极有效的探索。但是，通观与教学质量保障体系相关的文献发现，时至今日对于什么是高职院校教学质量保障体系，在理论上还没有得到一个为大家所公认的、权威的定义，关于它的定义往往有不同的理解。

华东交通大学张安哥教授在他的专著中提出：所谓教学质量保证与监控体系，就是一个以教学质量为保证与监控的对象，既有对教学过程的实时监控，又有对教学效果的反馈的完整的、闭环的系统。

广东外语艺术职业学院郑永江副教授认为：教学质量保障体系是指全面提高教学质量的工作体系和运行机制，具体包括：以提高教学质量为核心，以培养高素质人才为目标，把教学过程的各个环节、各个部门的活动与职能合理组织起来，形成一个任务、职责、权限明确，能相互协调、相互促进的有机整体。

桂林航天工业高等专科学校于世海老师认为：教学质量保障体系是指高校以教学质量为保证对象，以高质量完成学校预定的教育教学目标，校内全员参与、全程实施，全面保障教学质量的组织与程序系统及其活动。它包括高校内部自身的教学质量保障体系和政府、社会各界通过对高等学校认证、评价等措施而建立的外部质量监督体系。

综上所述，教学质量保障体系是一个完整的整体，它覆盖了整个教学开展过程，从教学的组织实施到社会对学校培养人才的评价等方方面面。而本书提及的高职院校计算机技术应用专业实践教学质量保障体系研究，就是在这一基础上针对如何构建适合高职院校计算机应用专业的实践教学质量保障体系而开展的研究。

四、关于高职院校实践教学质量保障体系内容的研究

由于不同专家学者所在的学校不同，他们所研究的实践教学质量保障体系的内容也必然反映了其所在学校教学工作的特色，所以他们所提出来的教学质量保障体系的内容构成也有不同。再加上他们对质量保障体系内

涵的认识也有差异，更是导致他们对教学质量保障的内容有着不同的见解。

张安哥教授从其所提出的教学质量保证与监控体系的定义出发，认为教学质量保证体系应该由如下几个子系统构成：①控制要素系统，即教学质量保证与监控体系所要保证与监控的各要素的集合，包括学校的教育目标、教学资源的占用与有效利用情况、教学过程的设计与实施情况、教学效果等；②质量标准系统，一系列完整的教学质量标准，特别是各主要环节的质量标准的集合；③统计、测量与评价系统，用于收集有关教学质量的各种信息、资料与数据的处理手段；④组织系统，指教学质量保证与监控体系中直接参与教学工作、与教学质量有直接关系的组织机构的集合；⑤保障系统，指为教学工作提供条件保障的组织机构的集合，包括各种必要的人、财、物等基本条件。

郑永江副教授认为：从高等教育的运行机制上看，由于价值取向的不同，高等教育的质量会在高校、政府和市场三个角度产生不同的观点，高等教育的质量保障体系必须包括多样化的质量标准、多方的保障主体和与质量有关的全部过程等这三方面的内容。

陈玉琨等人在其关于高等学校教学质量保障体系的理论与实践研究成果中，借鉴和吸取“输入—过程—输出—系统效率”质量管理理论、TQM理论（Total Quality Management，全面质量管理）等各种质量保障理论中科学、合理、可靠的成分，同时充实科学的新鲜血液。遵循高校教育活动规律，他们认为我国高等教育质量保障体系的内容可分为四大方面：输入质量保障、过程质量保障、输出质量保障和系统效率。输入质量包括学校教育目的、师资、学生、设备、经费投入等；而过程质量保障包括课程建设、教学方法、教学质量评估与保障机制；输出质量包括社会输出质量和学生学习质量；系统效率指学校单位资源所培养的人才，是反映学校教学质量的一项经济指标，包括师生比、生均培养费用、时间效率、综合效率等。

韦洪涛在其专著中提出：高等教育质量保障体系的内容通过评判指标体系体现，涉及高等学校教学、科研、服务等各个子系统，涵盖教育资源、教育环境、教育过程和教育结果等方面。所以，高等教育质量保障的指标应由条件性指标、环境性指标、过程性指标和成果性指标四部分组成。条件性指标是高等学校达到规定质量目标的物质基础，如办学条件、经费投入、师资队伍、生源质量等；环境性指标是指学校的文化氛围，包括校园文化、校风、班风、学校的地理环境等；过程性指标是反映高等学校工作状态和过程的指标，如人才培养方案、教学管理制度、教师教学方法等；成果性指标是反映高等学校质量和水平的指标，如学生知识与能力的发展与变化、毕业生就业状况等。

高职院校实践教学质量保障体系的内容是研究高职院校实践教学质量保障体系的重要部分，在确定其具体的内容构成时，要结合学校的实际情况，在认真分析实践教学工作的基础上，深入调查，尽可能找出能全面反映影响教学质量的各个关键因素。既要做到不遗漏，否则就不能有效地保障和提高实践教学质量；而且又不能不分主次、面面俱到，把学校工作的所有方面都考虑在内，导致保障体系系统庞大、复杂，难以有效运行，无法达到保障高职院校实践教学质量的目的。本书将在最后两种研究的基础上，对影响高职院校计算机应用专业实践教学质量保障的诸多因素进行深入、系统的分析，找准关键因素，并将其归入输入质量保障、过程质量保障和输出质量保障等三方面来构成高职院校计算机应用专业实践教学质量保障体系的内容。

第二节　高职院校计算机应用专业实践教学质量保障体系

高等职业教育目的是培养具有必要的理论基础和较强的技术开发能力，能够学习和运用高新技术知识，创造性地解决生产经营与管理中的实际技术问题，能够与科技和生产操作人员正常交流，传播科学技术知识和指导操作的应用型高层次专门人才。对于计算机应用专业来说更是如此，随着科技迅猛发展，信息化时代的来临，各行各业对计算机应用专业人才的需求越来越具体化、能力化、实践化。为此，高职院校计算机应用专业应打破原有的保守计划，将理论与实践、知识和能力有机地结合起来，加强学生动手能力培养，将实践教学贯穿人才培养的全过程。由此可见，构建切实可行的高职院校计算机应用专业实践教学质量保障体系具有重要作用，甚至可以说高职院校计算机应用专业实践教学质量保障体系决定了高职院校计算机应用专业教育人才培养目标的实现。本节将从高职院校计算机应用专业实践教学质量保障体系的内涵、功能及主要模式出发，对高职院校计算机应用专业实践教学质量保障体系进行总体概述。

一、高职院校计算机应用专业实践教学质量保障体系的内涵

要建立高职院校计算机应用专业实践教学质量保障体系，首先必须深入分析高职院校计算机应用专业实践教学质量保障体系的内涵和结构，并在此基础上构建和完善实践教学质量保障体系，从内涵上提高人才培养质量。

（一）高职院校计算机应用专业实践教学

高职院校计算机应用专业实践教学通常包括课内实验、校内综合实训（课程设计、技能训练、项目实训等）、专业顶岗实习、毕业设计等。实践教学体系通常由硬件和软件组成，硬件包括校内外实践教学基地，软件包括实践教学管理制度、人才培养方案、实践教学大纲、实践指导书、教师资源、课程资源、项目案例等内容，整个体系是教师开展实践教学的依据，是学生实践能力培养的具体体现。

高职院校计算机应用专业实践教学具有很强的实践性和应用性，主要能帮助学生掌握必要的技术、方法、设备和科学的研究方法，也是培养学生的科学精神和创新意识的重要手段，学生可以通过实践得到综合素质的训练。提高对计算机应用专业实践教学重要性的认识，是深化实践教学改革的关键。计算机应用专业实践教学是课堂教学的重要延续和发展。学生通过计算机应用专业实践教学过程加深对计算机学科中的基本概念、基本理论及其操作应用的理解，逐步实现独立操作，验证和巩固所学的计算机知识。

（二）教学质量

关于教学质量含义的认识，有一种观点是根据教学本身所固有的传授性、示范性、启发性、递进性和社会性，认为教学质量是满足学生本身、高校管理者、学生家长和社会上的相关部门对教学要求的程度。另一种观点则是从教学效果方面对教学质量进行定义，认为教学质量是教学效果的体现，是教育价值的表现形式，即学生知识、能力、素质的变化与教学目标的符合程度，或者说是学生的发展变化达到某一标准的程度以及不同的公众对这种发展的满意度。

而笔者以为，“教学”是“教”与“学”的合义，“教”是传授知识，

“学”是接受知识，是教师与学生两大主体之间的活动，有别于“教育”这一概念；“教育”是“教”和“育”的合义，“教”是传授知识，“育”是培养人，“教育”就是通过传授知识培养人。“教学质量”是指知识传递过程的质量，取决于两方面合力：一是知识输出质量，二是知识接受质量。前者考察知识传授者“教”的水平，后者考察知识接受者“学”的水平。两者呈互动关系，“教”促进“学”，“学”印证“教”，“教”与“学”互为前提，互相促进，共同提高。因此，评价“教学”质量侧重过程评价、动态评价、环节评价以及内部评价。

从教学系统上看，教学是一个过程，是一个教师为学生提供知识、帮助学生提高自己能力的过程，包括教学输入、教学准备、教学输出等三个方面。而教学质量是指学生在知识、能力、价值观等方面的增量，是学校整个教学系统环节综合作用的结果。高职院校作为一种为“顾客”提供服务的实体，其直接顾客是学生，间接顾客是政府、企事业单位等。教学质量即满足顾客的需求，需求的满足通过服务过程即教学过程实现。

（三）教学质量保障体系

质量保障这一术语最早起源于工商界，是指厂家或者产品生产者向用户提供的产品或服务持续达成预定目标以使用户满意的过程。体系是指若干有关事物按照一定的秩序和内部联系而组成的具有一定结构和特定功能的统一整体。质量保障体系是厂家或者产品生产者企业以保证和提高产品质量为目标，运用系统的原理和方法，设置统一协调的组织机构，把各部门、各环节的质量管理职能严密组织起来，形成一个有明确任务、职责、权限、互相协作、互相促进的质量管理有机整体。在工商界形成的关于质量保障的基本思想逐渐应用于高校教学领域当中，形成关于教学质量保障的理论。教学质量保障体系是指为了达到学校人才培养目标，将对教学产生重要影响的各项教学、管理活动有机结合起来，从而形成一个能够保证达到预期教学质量目标并能保持稳定性的统一整体。

（四）高职院校计算机应用专业实践教学质量保障体系

在高职院校背景下，质量保障就是根据预先制定的一系列质量标准与工作流程，要求学校全体员工发挥每个人的主观能动性，认真实施并不断改进教育教学计划，从而达到既定教育质量目标，逐步达到学校总体目标的过程。而高职院校计算机应用专业实践教学质量保障体系，是以高职院校计算机应用专业实践教学质量保障活动和实践教学质量保障机构作为基础，以保障和提高高职院校计算机应用专业实践教学质量作为目标，依据已制定的质量标准，按照特定的一定的运行规则，采用特定的管理策略和管理手段保障高职院校计算机应用专业实践教学质量的一系列理论和方法。高职院校计算机专业实践教学质量保障体系的建立是为了进一步完善实践教学质量管理，加强实践教学质量控制，有计划、有步骤地开展教学活动，培养面向高新技术产业和现代信息服务业、熟练掌握计算机应用技能的高素质应用型人才。

与高等教育质量保障体系类似，高职院校计算机应用专业实践教学质量的形成和发展既受到学校内部各个环节的影响，同时也受到学校外部的政治、经济、文化等环境的影响，因此高职院校计算机应用专业实践教学质量保障需要学校内、外部因素的协同保障。根据实施教学质量保障的主体不同，高职院校计算机应用专业实践教学质量保障体系可分为内部保障和外部保障两个子体系。内部保障体系是学校乃至计算机应用专业教学团队为提高计算机应用专业实践教学质量而与外部保障活动相配合建立起来的组织与系统，主要负责高职院校计算机应用专业内部的实践教学质量保障。外部保障体系通常是全国性或区域性的高职院校教学质量保障机构，其成员包括高教界与高教界之外的专家，他们由政府或某个作为其领导部门的专业和行业组织进行任命，主要负责领导、组织、实施、协调高职院校实践教学质量的鉴定活动与监督高职院校内部实践教学质量保障活动。高职院校计算机应用专业教学质量的内、外部保障体系有机结合，以内为主，以外促内，内外并举，共同实现对高职院校计算机应用专业实践教学质量予以保障的功能。

本节将在内、外部教学质量保障体系有机结合的基础上，主要研究高职院校计算机应用专业实践教学的内部教学质量保障体系。

二、高职院校计算机应用专业实践教学质量保障体系的功能

高职院校计算机应用专业实践教学质量保障体系的功能问题是实践教学质量保障体系研究的重要问题之一。在社会学中，功能是指物质系统所具有的作用、能力和功效。而这一概念应用在高职院校计算机应用专业实践教学质量保障体系中，是表示高职院校计算机应用专业实践教学质量保

障体系本身所起的作用，它是高职院校计算机应用专业实践教学质量保障体系所具有的功效以及能发挥这种功效所具有的能力的总称。高职院校计算机应用专业实践教学质量保障体系具有如下六大功能：

一是鉴定功能。高职院校计算机应用专业实践教学质量保障体系构建完毕以后，高职院校有关人员就可根据该体系中既定目标和标准，评判该专业实践教学质量，进而判断该专业实践教学活动是否已达到预定标准。

二是诊断功能。高职院校计算机应用专业实践教学质量保障体系在实行其鉴定功能的同时，还具有诊断功能，即这一体系在判定学校计算机应用专业实践教学质量是否达到已制定的目标和标准的同时，还能分析该专业在整个实践教学过程中的得失成败，吸收成功经验，规避失败教训，并且深入分析得失成败的根源，提出应对措施，供决策人员参考。

三是调控功能。高职院校计算机应用专业实践教学质量保障体系构建出来以后，有利于高职计算机实践教学本身、政府与教育主管部门、师生个体这三大方面发挥强大的调控功能，促进高职院校计算机应用专业实践教学质量的提高。首先是高职院校计算机应用专业实践教学本身的调控。通过构建高职院校计算机应用专业实践教学质量保障体系，可以及时准确地获取有关实践教学反馈信息，并根据已获取的信息，调整实践教学活动，有利于保障和提高高职院校计算机应用专业实践教学质量。其次是政府与教育主管部门的调控。政府与教育主管部门可以根据实践教学质量评估结果，适当调整、改进相关教育政策。最后是师生个体的调控。高职院校计算机应用专业师生可以通过健全的实践教学质量保障体系，全面了解自己的教学与学习成果，找出需要改进的地方，采取有效应对措施，使自己朝着原定目标前进。

四是监督功能。高职院校计算机应用专业实践教学质量保障体系构建出来以后，该专业的实践教学质量评估与保障活动便有了制度上的保障。政府与社会可通过高职院校自身或外部评审专家的评审报告，了解高职院校计算机应用专业实践教学的质量状况。这对于高职院校计算机应用专业本身而言，外界对其实践教学质量状况的了解与认识，以及其在社会中的形象，有助于其提升在教育资源上的竞争力。因此，高职院校计算机应用专业应当重视自身实践教学质量的提高和各种类型实践教学质量保障活动的开展，提高计算机应用专业人才培养质量，使高职院校计算机应用专业实践教学活动自觉地处于社会监督之下。另外，在高职院校内部，全体师生还可以通过制度化的实践教学质量保障体系，监督高职院校计算机应用专业实践教学开展情况，确保其按既定实践教学工作计划进行，逐步达到实践教学质量的最终目标。

五是导向功能。高职院校计算机应用专业实践教学质量保障体系的导向功能主要表现在导向教师和专业发展两个方面。首先是导向教师方面。健全的、制度化的实践教学质量保障体系对教师的导向功能可分为隐性引导和显性引导：隐性引导是指高职院校计算机应用专业实践教学质量政策与质量文化对教师起到潜移默化的作用；而显性引导是指高职院校计算机应用专业实践教学硬性的质量保障措施对教师的开展教学活动的引导与规范。其次是导向专业发展方面。高职院校计算机应用专业通过已构建的实践教学质量保障体系，可以及时了解社会对高职院校计算机应用专业人才培养需求、期望和基本评价，发现自身在满足社会需要方面存在的优点与不足，从而引导本专业明确自己的发展方向，积极调整本专业实践教学目标，保障和提高实践教学质量，培养适合社会生产需要的高素质计算机应用专业人才。

六是激励功能。高职院校计算机应用专业实践教学质量保障体系构建出来以后，有利于高职计算机应用专业向社会增加透明度，从而促使本专业对自身有一个正确的评估，对本专业的生存与发展进行反思，增强本专业对学生、对学校、对政府和对社会的责任感，增强本专业实践教学质量意识和效益意识。此外，学校其他专业和社会可通过本专业已构建的实践教学质量保障体系了解本专业实践教学质量，促使计算机应用专业关注本专业与本校其他专业的差距以及本专业所造成的社会声誉，增强本专业的荣誉感和危机感，以刺激本专业不断进取，不断改革本专业实践教学体制。

三、高职院校计算机应用专业实践教学质量保障体系的主要模式

高职院校计算机应用专业实践教学质量保障模式，是指在特定的方法论指导下，采用特定的管理策略和管理手段对高职院校计算机实践教学质量实施保障的一整套理论和实践行动。由于高职院校实践教学质量观趋于多元化以及所采用方法论基础各异，高职院校计算机应用专业实践教学质量保障体系的模式也不尽相同。目前，尚未形成明确针对高职院校计算机

应用专业实践教学质量保障体系的模式，此处借鉴高等教育质量保障体系，以此类推高职院校计算机应用专业实践教学质量保障的主要模式，为构建高职院校计算机应用专业实践教学质量保障体系提供理论基础。

（一）系统流程模式

高职院校教学质量的形成与发展过程与高职院校输入、过程和输出的系统流程密切相关。因此，以系统流程出发去保障高职院校计算机实践教学质量是十分必要的。系统流程模式的理论依据主要有教育决策导向模型，其代表人物斯塔弗尔比姆，他于 1966 年提出了以决策为中心的背景评价、输入评价、过程评价和成果评价的评价模型。

斯塔弗尔比姆认为评价不应局限于评判决策者所确定的教育目标所达到预期效果的程度，而应该视作为决策者提供信息的过程。评价的最重要目的不是为了证明，而是为了改进。为此，他把决策分为四类，组成一个评价体系，背景评价为预期结果的决策服务，旨在判断所提出的目标是否充分满足已评定的需要；输入评价为预期方法的决策服务，对备选方案进行论证和评定；过程评价为实际方法的决策服务，它既对计划执行情况不断检查，为方案制定者提供反馈信息，又对修改和解决计划提供指导；成果评价为实际成果的决策服务，它收集、反馈对结果的描述和判断信息，并与目标相比较，判断人的需要和满足的程度。总之，输入保障涵盖背景评价和输入评价，主要是将社会宏观质量需要转化成教育或具体的质量要求，并根据自身办学实力制定切合实际的培养方案和条件保障；过程保障是以过程评价为主旨，在教育行动中不断监控教育质量，达到及时纠偏的目的；输出保障是以成果评价为依托，达到输出保障的效果。

（二）全面质量管理（TQM）模式

全面质量管理是 20 世纪 60 年代美国管理专家菲根堡姆等人提出的质量管理新理念。其要点是把组织管理、数理统计和现代科学紧密地结合起来，建立一整套质量保障体系，从而有效地利用人力、物力、财力、信息等资源，提供令顾客满意的产品或服务，其理论精髓是“三全”学说，即全面的质量、全过程和全员参与。

对于高职院校计算机应用专业而言，由于其职能是为生产、建设、管理和服务第一线输送具有较高计算机应用技能的专门人才，其“产品”同样存在质量高低的问题。所以，对高职院校计算机应用专业实践教学质量进行全面质量管理显得尤为重要。高职院校计算机应用专业实践教学质量管理的全过程指的是高素质计算机应用技能专门人才培养的整个过程，即从市场调查、专业人才培养方案修订开始，直到毕业顶岗实习、毕业就业指导的全过程。全方位管理不仅是知识、技能教学层面的管理，还包括德、体、美等层面的管理，即与人的全面发展有关的所有工作的质量管理。全员管理是指高职院校各个部门、各个单位的全体教职员工都要积极服务与教学，积极参与教学质量管理。

（三）动态监控模式

高职院校计算机应用专业实践教学质量是在动态的运行过程中逐步形成的，动态监控模式就是在动态的实践教学过程中对影响教学质量的最主要因素加以调适和监控。它由目标保障，投入保障、过程保障和监督保障等 4 个方面组成。

高职院校计算机应用专业实践教学质量是以高职院校计算机应用专业所培养出来的学生与目标的符合程度来衡量的，所以目标保障是保证高职院校计算机应用专业实践教学质量的前提。

目标保障是指行为主体在目标运行过程中对目标进行确定、调整、修订等过程。由于质量是一种动态的状态，它会随着时间的推移和环境的改变而改变，所以作为反映社会需求的质量标准也会不断改变。高职院校作为目标保障的行为主体，应根据社会的反馈信息，在政府的指导下及时地对目标进行调适，使之更好地发挥导向作用。

实践教学活动的开展需要一定的投入，投入状况直接影响高职院校计算机应用专业实践教学质量，所以投入保障是保障高职院校计算机应用专业实践教学质量的重要条件。投入保障一般包括人力、物力和财力的投入。政府作为主要办学者是投入的主体，社会作为教育的受益者同样负有投入的责任，学校则应有合理支配和使用人力、物力和财力的责任。投入保障的目标就是避免投入不足和使用不当情况的发生。

高职院校计算机应用专业实践教学质量不是考出来的，而是“教”和“学”两者充分发挥作用而产生的。因此，保障高职院校计算机应用专业实践教学的整个过程的顺利开展，是保障人才培养质量的核心。过程保障的承担者在于学校，它负责对形成最终结果的全过程进行保障，对影响质量的各个环节进行监控和调适。

高职院校培养出来的计算机应用专业人才应满足社会生产的需要，所以必须建立外部监督保障，对高职院校计算机应用专业实践教学质量进行监督、检查和评估，以保证高职院校计算机应用专业人才培养沿着市场需要的方向发展。所以，监控保障方面是保障高职院校计算机应用专业实践教学质量的关键。全国性或区域性的高职院校教学质量保障机构是监督保障的主体，它以其权威性承担着政府或社会委托的监督、检查和评估的职责。

四、ISO9000 质量管理模式

ISO9000 质量管理模式是 ISO9000 族的核心标准。ISO9000 族标准是国际标准化组织颁布的世界通用的质量管理和质量保障标准，是全世界质量科学和管理技术的精华，是管理思想和经验的总结，它最早被应用于工商业界，后来被逐渐应用于教育领域。在教育领域中引入和实施 ISO9000 族标准，建立科学有效的教学质量保障体系，是提高学校教学质量的有效举措。由此可见，在高职院校中推行 ISO9000 质量管理模式，是高职院校发展的必然。

针对目前高职院校计算机应用专业实践教学没有建立起科学、合理、规范、实用性广的质量保障体系，将 ISO9000 质量管理模式引入高职院校计算机应用专业实践教学质量保障，并在准确理解和规范应用标准的基础上，构建一套行之有效的实践教学质量保障体系，大大有利于高职院校计算机应用专业实践教学质量的提高，促使高职院校计算机应用专业人才培养目标的实现。

同时，ISO9000 质量管理模式的管理思想蕴涵了预防、监督和持续改进等科学管理机制。高职院校计算机应用专业实践教学质量保障引入 ISO9000 质量管理模式，形成完整的文件控制系统，能使实践教学质量的每一个过程及构成要素在实践全过程中的不同环节均处于受控状态，确保高职院校计算机应用专业具有持续提供符合学生、家长和社会要求的实践教学能力；并通过对实践教学过程、管理过程和服务过程的管理与控制来实现培养符合社会生产需要的高素质计算机应用专业人才的目标。

总而言之，高职院校计算机应用专业实践教学质量保障模式形式多样、内容丰富，各高职院校乃至各不同专业可依据自身具体情况，选择恰当的质量保障模式。而本书主要借鉴和参考系统流程模式和全面质量管理模式，从输入质量保障、过程质量保障和输出质量保障等三方面构建高职院校计算机应用专业实践教学质量保障体系。

第三节 构建高职院校计算机应用专业实践教学质量保障体系

由于高职院校计算机应用专业实践教学是一项复杂的系统活动，影响实践教学质量的因素涉及计算机应用专业本身乃至整个高职院校内部和社会的各个方面。因此，高职院校计算机应用专业实践教学质量保障体系的构建不可能依据某一指标或一组类似的指标，必须尽可能考虑学校各方面的通力合作。然而，高职院校计算机应用专业实践教学质量保障体系又不可能囊括学校和社会所有反映和影响实践教学质量的各个层面，它只能选择其中的关键因素，即高职院校计算机应用专业实践教学质量保障体系的构建一方面要尽可能广泛，力图构成实践教学质量保障体系的各方面因素；另一方面又要尽可能简明，力图把握影响实践教学质量的关键因素。本节根据高职院校计算机应用专业实践教学的特点，通过查阅文献、对象访谈、统计分析已有影响高职院校计算机专业实践教学质量的数据和到实践教学现场进行考察等方式，找准高职院校计算机应用专业实践教学质量的关键因素，探索合理的高职院校计算机应用专业实践教学质量保障体系内容及其指标构成，构建一个相对科学完整、导向明确，既符合高职院校计算机应用专业实践教学规律，又便于操作的高职院校计算机应用专业实践教学质量保障体系。

一、关于高职院校计算机应用专业实践教学质量保障体系的研究过程

本书分两个阶段采用访谈法与受访对象探讨高职院校计算机应用专业实践教学质量保障的构建问题，这两个阶段的访谈依次从2016年5月份开始，持续到当年7月份结束，前后共约半个月时间。

第一阶段访谈某城市职业学院计算机应用专业教学团队的校内专任教师，本阶段研究旨在确定高职院校计算机应用专业实践教学质量保障体系的大概内容。某城市职业学院计算机专业于2015年被评为该省示范专业，

其在保障实践教学质量方面采取了众多措施，对高职院校计算机专业实践教学质量保障体系的构建具有重大的借鉴作用。该专业团队现有专职教师人数 29 名，其中校内专任教师 18 名，同时聘请了 IT 企业技术专家 11 人作为兼职教师，满足计算机应用专业的实际教学需要。本次访谈主要针对该专业教学团队中的 18 名校内教师，访谈内容集中在该专业实践教学开展情况、实践教学质量保障体系的内容以及构建高职院校计算机应用专业实践教学质量保障体系的建议。

经过第一阶段访谈，大致明确高职院校计算机应用专业实践教学质量保障体系包括明确的实践教学目标体系、有高职院校特色的专业人才培养方案、以实践教学为主导的课程结构、完整的实践教学管理体系（包括合理的人员配置、切实可行的实践教学管理制度和完善的实践教学文件）、实践教学条件（包括实践教学师资和校内、外实践教学基地）、有利于学生能力培养的考核办法以及实践教学质量评价体系（主要体现在学生的学习质量、就业率及就业质量上）等内容。

在第一阶段访谈和统计分析已有关于高职院校计算机应用专业实践教学质量保障的数据的基础上，根据高职院校计算机应用专业实践教学活动开展规律，借鉴教育部关于高职院校教学质量保障的相关政策，将第一阶段所取得的关于高职院校计算机应用专业实践教学质量保障体系初步按照输入质量保障、过程质量保障和输出质量等三方面进行归类，并据此访谈 14 名有多年高校教学、管理工作经验的督导老师，进一步明确和细化高职院校实践教学质量保障体系的内容，并探索其指标构成和等级标准。这 14 名教学督导老师均具有大学本科以上学历，均拥有副高职院校称。

在完成两个阶段的访谈之后，整理访谈纪要，统计分析已有计算机专业学生学业成绩、职业资格通过情况和就业情况等数据，并在此基础上借鉴国家有关提高高职院校教育教学质量的规定，确定高职院校计算机应用专业实践教学质量保障体系的内容及其指标构成，构建行止有效的高职院校计算机应用专业实践教学质量保障体系，确保该专业人才培养目标的实现。

二、构建高职院校计算机应用专业实践教学质量保障体系的基本原则

构建高职院校计算机应用专业实践教学质量保障体系前先要明确在构建过程中所要遵循的基本原则，具体阐述如下：

（1）服从培养目标的原则。构建高职院校计算机应用专业实践教学质量保障体系，要遵循高等教育特别是高等职业教育规律和本专业培养为社会生产、服务、管理第一线需要的高素质计算机应用技能型人才目标，突出高职院校计算机应用专业实践教学的基本特征。

（2）科学性原则。设定高职院校计算机应用专业实践教学质量保障体系的内容及每一项指标时都必须经过科学论证使每项指标都有科学依据，同时得到学校的专业技术人员或管理人员认可，能直接反映高职院校计算机应用专业实践教学质量特性。各指标名称、概念要科学、确切。

（3）系统性、可比性原则。构建高职院校计算机应用专业实践教学质量保障体系是一个涉及多方面的系统性问题，该体系的内容和指标构成的设计必须首先明确构建本体系的目标，在此前提下，按既定目标要求，全面系统地设计、确定保障体系的内容和各项指标。整个高职院校计算机应用专业实践教学质量保障体系要有系统性，形成一个闭合的回路，各项指标构成要素应有可比性。

（4）可操作性、真实性原则。构建高职院校计算机应用专业实践教学质量保障体系时，保障体系的内容要具体，构成指标必须切实可行，指标定义要明确，便于指标数据采集，保证真实可靠。该体系在操作上要具有可行性，要有明确、便于操作的指标，能真实反映计算机应用专业实践教学的客观情况。

（5）持续性原则。构建高职院校计算机应用专业实践教学质量保障体系要从持续提高实践教学质量的动态发展观出发，促使高职院校计算机应用专业实践教学质量不断改进和持续发展，及时了解实践教学质量需求而进行持续性管理，并从制度制定上确保实践教学质量持续提高。贯彻持续性原则要坚持持续提高实践教学质量的动态发展观理念，充分认识到实践教学质量的提高只有起点，而没有终点，把不断提高实践教学质量，从而促使高职院校计算机应用专业人才培养质量的提高作为永恒目标。

三、高职院校计算机应用专业实践教学质量保障体系的内容

在与被调查对象的访谈、统计分析已有关于高职院校计算机应用专业实践教学质量保障的数据的基础上，根据高职院校计算机应用专业实践教学活动开展规律，借鉴教育部关于高职教学质量保障的相关政策，笔者认

为高职院校计算机应用专业实践教学质量保障体系的内容包括以下三方面，它们相辅相成，形成完整的高职院校计算机应用专业实践教学质量保障体系。

（一）输入质量保障

输入质量保障是为实现高职院校计算机专业培养高素质计算机应用职能技能人才目标所需要的各种条件的整合，其主要功能是在于帮助决策者利用已有条件解决问题。只有加强了输入质量保障，才能通过优化资源配置，保障实践教学质量。输入质量保障主要包括实践教学目标理念、校企合作质量、师资队伍质量和实践教学基地建设质量等四大方面。

（1）实践教学目标理念。只有明确了高职院校计算机应用专业的实践教学目标理念，才能指导全体成员向着一个方向前进；只有让全体成员都熟悉和认同高职院校计算机应用专业的实践教学目标理念，才能得到最大的支持，让计算机专业实践教学整体目标与各个成员的个体目标完美结合，形成合力，从而保障和提高实践教学质量。

（2）校企合作质量。校企合作的核心内容就是企业和学校紧密合作，共同完成对高职院校计算机应用技能人才的培养。高职院校计算机应用专业要主动了解企业的需要，企业则应对高职计算机专业办学提供人力、物力等方面的支持，帮助解决学生实习和就业问题。校企合作质量，直接关系着为国家培养高素质计算机职业技能人才的质量、企业竞争力和高职院校计算机专业实践教学质量的协调发展，涉及国家、企业、学校的共同利益，所以需要各方面通力协作来推进这一事业。

（3）师资队伍质量。加强师资队伍建设是保障高职院校计算机专业教学质量的关键，主要可从制定切实可行的师资队伍政策、完善师资队伍结构和教师自身素质的提高等三方面着手，积极建设一支数量适当、结构合理、素质优良、专兼结合的实践教学师资队伍。某城市职业学院计算机应用专业教学团队师资结构就比较合理，对高职院校计算机应用专业实践教学质量保障体系的内容及其指标构成有良好借鉴作用。

（4）实践教学基地建设质量。实践教学基地是保障高职院校计算机应用专业实践教学质量所必不可少的条件，有必要制订完善的实践教学基地建设规划，并按此规划循序渐进，建立稳定、高质量的校内、外实践教学基地。基地建设应注重数量和质量并重，在数量上满足实践教学的需要，在质量上达到优质的标准，并积极鼓励高职院校计算机专业寻找社会资源来应用于高职院校实践教学环节。

（二）过程质量保障

过程质量保障是根据高职院校人才培养目标的总体要求，对实践教学过程中的各个环节、各项教学活动进行合理组织，建立起稳定的、协调的、有活力的教学秩序，确保教学工作顺利开展的过程。它主要包括实践教学管理质量和教学环节质量两个方面的内容。

（1）实践教学管理质量。实践教学管理是对教师、学生、设施手段、形式方法及其相互关系的组织协调，服务监控，以达到整体优化，全面实现高职院校实践教学目标的活动，其核心是实践教学质量管理。实践教学管理的主要内容是建立合理的管理组织与队伍，形成完善的教学管理制度，把加强专业建设、课程建设、教材建设、师资队伍建设、实践基地建设以及日常教学运行等有机地结合，从整体上研究、监控高职院校计算机应用专业实践教学质量，推动实践教学质量的稳步提升。

（2）实践教学环节质量。实践教学环节是培养学生具备娴熟的计算机应用职业能力和创新意识，实现高素质计算机职业应用型专门人才培养目标的重要环节。所以加强实践教学环节质量，对于切实保障高职院校计算机应用专业实践教学质量，推进学生职业技能教育和实践动手能力的培养，深化高职院校计算机应用专业实践教学改革，有着重要意义。高职院校计算机专业可通过实践教学内容、教学方法手段改革和考核模式改革等三个方面开展工作，保障实践教学环节质量。

（三）输出质量保障

输出质量保障是测量和判断高职院校计算机专业实践教学所取得的成效，它仍然是质量控制的一种手段，而不是最终的评定。最终的评定是针对输入质量保障、过程质量保障和输出质量保障三个方面同时发挥作用所产生的效用而进行的总体评定。根据学习的客观规律和社会需求，把输出质量保障分为学生学习质量和社会输出质量两方面内容。

（1）学生学习质量。学生学习质量高低是评价高职院校计算机应用专业实践教学效果的重要依据，也是衡量高职院校计算机专业人才培养质量的根本尺度。学生学习质量保障是高职院校计算机应用专业实践教学质量保障中的一个重要组成部分，主要是从学习者的角度来考察计算机应用专业实践教学质量。高职院校实践教学学生学习质量包括学生职业能力和学生职业资格证书通过率两方面。考察某城市职业学院计算机应用专业 2013－2017 四个年级学生职业资格证通过率均达到 90%以上，为高职院校计算机应用专业实践教学质量保障体系内容的指标构成提供参考。

（2）社会输出质量。社会输出质量是社会用人单位依据人才适用性原则对高职院校计算机应用专业所培养出来的人才做出的价值判断。它主要是从高职院校外部角度来考察高职院校计算机专业实践教学质量，包括社会对毕业生的评价和毕业生当年就业率等。其中学生就业率更是反映高职院校计算机应用专业办学成功与否的重要标志之一，而高职院校计算机应用专业实践教学质量直接影响学生就业率。在高职院校学生求职就业过程中，用人单位最看重的是毕业生的计算机应用职业能力，高职院校学生只有在不断提高自身职业技能的同时提升自己的综合素质，才能在竞争激烈的求职中取胜。在此参考近四届某城市职业学院计算机应用专业毕业生就业率，为社会输出质量保障指标的确定提供依据。

四、高职院校计算机应用专业实践教学质量保障体系内容的指标构成

明确了高职院校计算机应用专业实践教学质量保障体系的内容之后，充分考虑访谈结果中关于输入质量保障、过程质量保障、输出质量保障的指标构成情况，结合访谈结果，参考教育部相关规定的要求，确定高职院校计算机应用专业实践教学质量保障体系内容的指标构成和等级标准。

（一）指标构成

高职院校计算机应用专业实践教学质量保障体系内容的指标构成是对高职院校计算机应用专业实践教学质量进行评价与研究的参考，它是影响高职院校计算机应用专业实践教学各种关键因素的有机组成。

本书构建的高职院校计算机应用专业实践教学质量保障内容的指标构成包括两级，其中一级指标 3 项，二级指标 8 项。评估等级共分 4 级：A 级为优秀，C 级为合格，界于 A 级和 C 级之间的为 B 级（良好），达不到 C 级标准的为 D 级（不合格）。在第二阶段的访谈中，14 名教学督导人员均一致认为，高职院校计算机应用专业实践教学质量保障体系中的各项指标均不能出现不及格的情况，及格的指标也力求最少。概括起来，要保障高职院校计算机应用专业实践教学质量必须达到如下条件：全部二级指标

中，等级为 D 的指标数为 0；等级为 A 的指标数不小于 3；等级为 C 的指标数不得大于 2。

（二）指标构成的内涵与等级标准

通过第二阶段的访谈，明确输入质量保障、过程质量保障和输入质量保障等三方面所包括的内容，剔除非关键因素，着重从实践教学目标理念、校企合作质量、师资队伍质量、实践教学基地建设质量、实践教学管理质量、实践教学环节质量、学生学习质量和社会输出质量等 8 项二级指标来构成高职院校计算机应用专业实践教学质量保障体系。

1.关于实践教学目标理念指标

访谈者：您认为实践教学目标理念对于构建高职院校计算机应用专业实践教学质量保障体系有什么作用？

教学督导人员 3：合理的实践教学目标理念为高职院校计算机应用专业实践教学质量保障指明了方向，有了方向才会有前进的动力，才能有力促进高职院校人才培养目标的实现。

访谈者：您如何衡量实践教学目标理念的好坏？

教学督导人员 3：关键是实践教学目标的理念的定位必须明确具体，切实可行。对于高职院校计算机应用专业而言，应该将其定位在培养学生娴熟的计算机应用操作能力，能适应当今社会信息技术行业实际工作需要。另外，实践教学目标制定以后，还必须让师生了解这一理念，也就是说要加强实践教学目标理念的认知度，促使师生朝着既定目标前进。

访谈者：您认为实践教学目标定位及师生对它的认知度哪个更为重要？

教学督导人员 3：毫无疑问定位问题更为重要。

通过本访谈阶段发现 14 名受访者一致认同该指标对于构建高职院校计算机应用专业实践教学质量保障体系的重要作用，可从计算机应用专业实践教学目标定位的准确性和该专业师生对该目标的认知度等两个维度去进行测量。其中的目标定位问题尤为关键，直接关系到高职院校计算机应用专业人才培养目标是否能顺利实现，应占较大权重。

2.关于校企合作质量指标

访谈者：您在学校工作了很多年，也参与了很多校企合作的项目，您如何衡量校企合作在高职院校计算机应用专业实践教学质量保障中所发挥的作用？

教学督导人员 4：主要可以从校企合作实施状况以及教师参加企业科研、培训这两方面去衡量校企合作的质量。

访谈者：这两方面具体包括哪些内容？

教学督导人员 4：校企合作实施状况取得成功体现在学校计算机应用专业形成了以社会人才市场和学生就业需求为导向，以 IT 企业为依托的校企合作教育机制；而企业为实践教学提供了充足的师资，并能持续选用毕业生。教师参加企业科研、培训方面就显而易见了，指教师能利用自身专业知识为企业创造利益，服务于社会。

访谈者：校企合作实施与机制、教师参加企业科研与培训这两者共同构成评价校企合作质量的指标，您认为这两者哪个更有代表性？

教学督导人员 4：前者比后者更重要，更能体现校企合作质量。

通过本阶段访谈可以确定校企合作质量指标反映了校企合作教育机制的形成状态和专业课教师参与企业技术研究、开发、推广、服务和培训的工作状态，其中以前者在促进高职院校计算机应用专业人才培养模式创新、提高学生计算机职业技能和就业率方面能发挥更大作用，因此受访者均认同将其作为本项指标的关键测量点，占较大权重。

3.关于师资队伍质量指标

访谈者：我们都知道师资对于高职院校计算机应用专业实践教学质量保障具有重要作用，但我们怎样衡量一支师资队伍是否优秀呢？

教学督导人员 1：首先是教师职称、年龄结构的合理性，“双师型”素质教师比例，是否形成了以专业带头人、学术与教学骨干为核心的计算机应用专业教学团队；其次是教师有否积极参加企业生产实践和科研，提高实践教学能力，完善自身素质；最后在于学校是否制定了有利于促进师资队伍建设的师资政策，有利于引进高素质教师和促进在职教师参加进修。

访谈者：在对以上您所提及的三个方面进行考察时，是否有权重上的倾斜呢？

教学督导人员 1：有，就按照我所提及的顺序确定权重大小，最先提及的占最大权重，接着次之，最后提及的占最小权重。

通过本阶段访谈发现 14 名受访者一致认同高质量的师资队伍对于保障高职院校计算机应用专业实践教学质量所发挥的重要作用，因此必须把是否具有一支数量适当、结构合理、素质优良、专兼结合的实践教学师资队伍作为重点考察对象。

4.关于实践教学基地建设质量指标

访谈者：您认为判断计算机应用专业实践教学基地建设高质量的因素是什么？

教学督导人员 4：一是实践教学基地的建设规划；二是实践教学基地本身的质量，实践教学设备先进、数量充足，满足实践教学需要。

访谈者：实践教学基地的建设规划具体指标是什么呢？

教学督导人员 4：根据本专业发展需要制订了实践教学基地建设规划，包括校内实训室建设、实验设备购置等，并取得了一定的建设成效。

访谈者：那又怎么衡量实践教学基地本身的质量呢？

教学督导人员 4：实践教学基地分为校内实践教学基地和校外实践教学基地。对于校内实践教学基地而言：设施先进，现代技术含量高，具有真实（仿真）的 IT 职业氛围和教学作一体化的功能并形成系列，能满足学生计算机应用技能训练需要。而对于校外实践教学基地而言：有稳定的能满足大量计算机专业学生顶岗实习要求的校外实践基地，有协议、有计划、有合作教育组织，企业实习指导人员数量、素质、结构、责任感满足校外实践教学需要。

访谈者：以对高职院校计算机应用专业实践教学质量保障的重要性作为标准，对实践教学基地建设规划、校内实践教学基地和校外实践教学基地这三者由高到低进行排序，您认为结果会是怎样？

教学督导人员 4：校内实践教学基地，校外实践教学基地，实践教学基地建设。

通过本阶段访谈发现 14 名受访者都提到保障高职院校计算机应用专业实践教学质量离不开各种校内、外实践教学基地。学生在读期间在校内接受教育的时间更长，因此具有先进的计算机设备、技术含量高的校内实践教学基地更为重要，所占权重更大。

5.关于实践教学管理质量指标

访谈者：您认为实践教学管理质量指标应该体现在哪些方面？

教学督导人员 9：一是组织体系健全，队伍的数量和结构适当，服务意识和创新精神强，工作绩效好的管理组织与队伍；二是健全、规范的实践教学管理制度。

访谈者：您认为两者之间有哪个更为重要吗？

教学督导人员 9：这两者同等重要，都缺一不可，两手都要抓，两手都要硬。

访谈者：您认为实践教学管理质量指标应该体现在哪些方面？

教学督导人员 10：只要有完善的实践教学管理制度就足够了，包括实践教学管理的文件、每门课程的实践教学大纲、学生实践教学手册和教师实践教学日志等。

在这一阶段的访谈中，有 11 名受访者认同实践教学管理质量指标应当从分工合理的实践教学管理队伍和完善的实践教学管理制度两方面进行测量，确保实践教学的开展得到有效监控、有章可循。另有 3 名受访者认为只要制定切实可行的教学管理制度即可，任课教师可以根据该制度开展实践教学，没必要另外设置一支管理队伍去监控实践教学情况。

6.关于实践教学环节质量指标

访谈者：针对计算机应用专业，您认为在实践教学环节上应该怎么做才能确保实践教学质量，培养学生良好的实际操作能力？

教学督导人员 3：首先要确定教授的内容，它的广度、深度要适合学生实际情况，内容更新要及时，跟得上当今计算机技术发展潮流；其次是教学方法的选择，尽量利用实验室，教学做一体化。

教学督导人员 10：应该在教学内容、方法和考核模式上做出改革，激活学生学习兴趣。比如“网页制作”课程，教师在讲完课程后，让同学根据课程内容制作网页，甚至可以开展一些比赛，让大家来评选最佳方案，一定可以提高大家的学习兴趣。

访谈者：针对教学方法的选择，任课教师应该怎样做才能取得更好的效果？

教学督导人员 3：教师在每次上课时先做些讲解，然后再进行操作这样效果会好些，如果一周上课，一周操作，对于操作环节较多的程序也许要忘记了。

访谈者：在整个实践教学环节中，对学生进行考核有什么要求？

教学督导人员 3：对！考核也是整个实践教学环节中的重要一环。作为职业技术教育，如何培养学生分析和解决问题的能力是一个相当重要的课题，应该适当考核学生分析和解决问题的能力，注重实践动手能力。甚至可以将学校考核与相关的计算机职业资格证书考核挂钩，让学生在通过校内考核的同时也获得相关职业资格证。

访谈者：实践教学环节质量保障包括教学内容、方法和对学生的考核这三方面，您认为这三者哪个更为关键？

教学督导人员 3：都重要。但相对而言，学生是在教师采取恰当的教学方法传授教学内容，从而获得知识和能力的，所以这两者更为重要一些。

教学督导人员 10：前两者更为关键。

通过本阶段访谈发现 14 名受访者均认同实践教学环节在构建高职院校计算机应用专业实践教学质量保障体系中的重要角色，认为可通过实践教学内容、教学方法手段改革和考核模式改革等 3 个维度进行测量，以前两者为关键测量点。实践教学内容深度、广度要合适，突出计算机应用职业技能实际需要；多利用现代化教育手段，充分利用实践教学基地开展实践教学，提倡计算机工程项目式教学方法，教学一体化，培养学生实践动手能力；考核模式应以实际操作为主，注重将国家有关计算机应用职业资格证书考试与部分专业技能课程考试的接轨。

7.关于学生学习质量指标

访谈者：您认为应该怎样衡量学生学习质量是否已达到要求？

教学督导人员 10：一般情况下衡量学生学习质量可以通过查看学生学业成绩这个途径，但对于计算机应用专业实践教学而言，主要可以通过现场抽测学生掌握计算机应用技能的情况，考察学生职业技能操作能力；另外也可以参考学生职业资格证通过率。

访谈者：您认为这两者的权重应该如何分配？

教学督导人员 10：这两者同等重要。计算机应用职业能力是学生在实践教学活动中所需要掌握的核心技能；而相关职业资格证书，如软件设计师、网络工程师、数据库系统工程师等，直接反映了学生掌握计算机应用技能的程度，对学生日后毕业走上工作岗位也有莫大作用。

本阶段访谈中所有受访者均认为实践教学开展是否成功直接体现在学生的学业成绩、掌握计算机应用技能的熟练程度以及与计算机应用专业相关的职业资格证通过情况等学生学习质量指标上。

8.社会输出质量指标

访谈者：很多学生从高职院校毕业后将直接走上工作岗位，您认为应该怎么判断这些学生对用人单位的适用性情况？即高职院校计算机应用专业实践教学质量保障体系当中的社会输出质量指标怎么制定？

教学督导人员 8：高职院校计算机应用专业其实也相当于一个“工厂”，而学生就是这个“工厂”生产出来的“产品”，判断这些“产品”是否符合社会需要，我想一个最直接的指标就是学生的就业率，而企业之所以录用学生，毫无疑问是看中了学生的职业技能，职业技能恰恰就需要学生在实践教学过程中去学习和慢慢积累。学生一毕业就遭到用人单位的“哄抢”，毫无疑问，这个专业实践教学的开展是成功的。

访谈者：学生进入企业后，企业对其工作能力的评价是不是也是社会输出质量所要考察的另一个指标？

教学督导人员 8：这无疑也可以作为一个考察指标，但学生毕业后走上工作岗位，可能会受很多因素的影响，所以这一指标不如直接考察学生当年的就业率来得更加直接、更易于测量。

本阶段访谈中所有受访者均认为高职院校计算机应用专业培养的学生是否适合当代信息技术行业人才需要，直接通过这一指标体现。主要可通过毕业生就业率和毕业生到企业工作后企业对其胜任工作程度的评价这两个维度进行测量。其中尤以前者更为直接地体现社会输出质量指标，更易于测量，应加大权重。

综上所述，这 8 项二级指标中的每一个均有不同的观测点，每个观测点的权重也会有所不同，所以要结合权重综合考虑每个观测点，对照等级标准，A 级为优秀，C 级为合格，界于 A 级和 C 级之间的为 B 级（良好），达不到 C 级标准的为 D 级（不合格），最后得到每个二级指标的评估等级。

（三）指标构成与等级标准的信度、效度分析

（1）信度分析。信度是指评价结果的前后一致性，也就是评价得分使人们可以信赖的程度有多大。第二阶段的访谈中，以某城市职业学院计算机应用专业为例，通过对 14 名受访者对八大二级指标的每个观测点的权重和等级标准进行评价，得到每个二级指标的等级，为便于统计，把 ABCD 四个等级转化为分数。因为第二阶段只进行一轮访谈调查，所以采取分半折算法估算信度，根据受访者序号按照奇数、偶数把访谈结果分为两半。

（2）效度分析。效度是指评价结果的有效性或正确性，即高职院校计算机应用专业实践教学质量保障是否达到了预期目的，是否包含了它要评

价的关键内容。本指标构成与等级标准的效度采用内容效度进行检验，通过第二阶段与14名受访者就高职院校计算机应用专业实践教学质量保障体系的输入质量保障、过程质量保障和输出质量保障这三大一级指标及其八项二级指标的详细内容做出判断，证明这些指标构成及其等级标准与高职院校计算机应用专业实践教学质量保障密切相关，是构成高职院校计算机应用专业实践教学质量保障体系的关键内容；且各项指标表述明确、无明显重叠之处，等级标准级次合适，能客观评价高职院校计算机应用专业实践教学开展情况。确保本指标构成与等级标准具有较好的内容效度。

五、构建高职院校计算机应用专业实践教学质量保障体系的具体措施

在明确高职院校计算机应用专业实践教学质量保障体系的输入质量保障、过程质量保障和输出质量保障等 3 项内容及其指标构成的基础上，高职院校计算机应用专业可以根据自身实际，找准专业本身在实践教学质量保障环节上存在的问题，有针对性地采取应对措施，促进实践教学质量保障体系的完善，从而达到保障和提高实践教学质量的目的。

（1）制定切实可行的实践教学目标。实践教学目标体系的制定围绕计算机应用职业岗位能力而展开，坚持学生为本、教学为中心、质量为核心、就业为导向，以市场人才需求为依据，突出高素质技能型专门人才培养的针对性、灵活性和开放性。面向高新技术产业和现代信息服务业积极开展人才培养模式改革，培养熟练掌握计算机软硬件系统、信息管理及网络技术的基本知识、基本技能，熟练掌握常用的软件开发工具，能够从事计算机软硬件应用和维护、网络工程构建与维护、IT 系统运行维护管理、网站建设与管理等专业方向的高素质技能型人才。实践教学目标确定以后，应组织计算机专业师生熟悉这一目标理念，使得他们逐步认识到实践教学质量保障体系建设是专业发展需要，也与个人自身发展息息相关。

（2）构建适应校企合作需要的实践教学运行机制。高职院校计算机专业开展校企合作的本质是学校教育与社会需求的紧密结合，其重要特征在于学校与企业双方共同参与教学和管理，使企业计算机职业岗位技能要求与计算机专业教学有效结合。让企业介入到高职院校计算机专业的实践教学过程中，有目的地培养企业真正需要的高素质计算机专业技能人才。计算机专业可邀请现代信息技术含量高的企业的能工巧匠和人力资源专家组

成实践教学指导委员会，紧贴信息技术行业需求，共同开展实践教学工作。同时，根据校企合作需求，共同制定有关实践教学运行与管理的制度和办法，对高职院校计算机专业人才培养的全过程做出科学、规范的规定，为校企合作长效运行提供保障。

（3）加强师资队伍建设。强化人才是高职院校计算机专业发展第一资源的观念，按照培养和引进相结合的原则，进一步建立健全人才使用和引进机制。制定优惠政策，大力引进具有研究生学历和副高职称以上的优秀人才，充实计算机专业实践教学团队；拓宽人才引进渠道，加大生产企业第一线的工程技术人员和高级技师等技术、技能人才的引进力度；进一步完善在职教师的培训进修制度，确保师资队伍综合素质的稳步提高。建设一支年龄和职称结构合理、专业水平高、创新能力强的“双师型”教师队伍。

（4）加强实践教学基地建设。实践教学基地是实施计算机应用职业技能训练和技能鉴定的基础保障。实践教学基地的设备配置要确保其技术含量和现代化程度符合目前社会生产实际对计算机专业人才的需求。同时，其配置还要兼顾实践教学体系与职业技能鉴定的顺利实施、基本技能训练与创新能力训练的正常开展。高职院校计算机专业可通过吸纳社会办学资源，充分发挥计算机实践教学基地服务于社会的技能培训和职业资格鉴定功能。

（5）建立一个管理体系和制度体系并重的实践教学管理系统。首先，合理地设置实践教学管理体系，建立由专业带头人主要负责、其他相关人员密切配合的管理体系，该管理体系负责本专业实践教学安排、管理与协调，负责归属本专业的校内、外实践教学基地建设与管理。本体系还应当有现代信息技术行业的技术专家与本专业教师共同组成专业指导委员会，定期开展活动，对实践教学目标、内容和方法等给予帮助。其次，合理地制定制度体系，确保制度体系的完整性和系统性，使实践教学工作的开展有章可循，保证实践教学活动顺利进行，提高实践教学质量的基本保证。高职院校计算机专业的实践教学的制度体系包括实践教学计划、实践教学课程标准、实践指导书和学生实践手册等实践教学文件和各实践教学环节管理制度。

（6）改革实践教学环节。从实践教学内容、教学方法手段和考核模式三方面着手，改革高职院校计算机专业实践教学环节，有效保障实践教学质量。首先，实践教学内容选择要按照使用计算机应用实践能力培养原则组织，充分体现以计算机职业技能为中心的特点，而且实践教学内容针对性强且更新及时。其次，教学方法手段要充分利用实践教学基地和先进的计算机信息技术，把先进的教育技术成果运用于实践教学的过程中。最后，实践教学的考核模式改革需要建立完善的考核标准，进行全面考核，使学生真正掌握有关计算机职业实际操作技能，充分体现高职院校计算机专业人才培养的特点。

（7）注重培养学生职业能力和提高学生职业资格通过率。高职院校计算机专业应当把培养学生动手能力、实践能力和可持续发展能力放在突出地位，促进学生计算机职业技能的培养。要依照国家关于计算机职业标准及对学生就业有实际帮助的相关职业证书的要求，调整实践教学内容和教学方法，把职业资格证鉴定和培训纳入实践教学体系之中，将证书课程考试大纲与实践教学大纲相衔接，强化学生技能训练，使学生在获得学历证书的同时，顺利获得相应的职业资格证书，增强毕业生就业竞争力。

（8）引导学生做好职业生涯规划。高职院校计算机应用专业应注重引导学生做好科学的职业生涯规划，建立学生就业指导长效机制，从学生进入学校开始就对他们灌输职业理想、职业道德、就业政策、健康择业心理和择业价值取向等知识，培养学生正确成才意识，为他们指明成才道路，帮助学生形成良好的职业态度，并要求学生关注专业人才市场对与计算机应用相关职业条件要求的变化，据此完善自己的知识结构，锻炼职业要求的能力。此外，高职院校计算机专业可通过开设具有计算机应用专业特色的就业指导课程，把就业指导和职业生涯规划贯穿在整个日常实践教学过程中，潜移默化，加强学生求职应聘技能培训，组织学生参加专业的人才招聘会，增强学生求职应聘的感性认识和实践经验，提高学生就业竞争力。

第六章　校企深度合作办学的经验

第一节　计算机教育校企合作办学的必然选择

从英国的工业革命开始，计算机人才对经济的发展一直起着巨大的推进作用。美国国家工程院院长曾指出："具有最好计算机人才的国家占据着经济竞争和产业优势的核心地位"。从 20 世纪 90 年代开始，为应对计算机人才的短缺和工程教育质量不能适应产业界需求的问题，众多国家掀起了计算机教育改革的浪潮，改革影响深远。

计算机人才短缺的全球性，可以从两个方面反映出来。首先是数量。西方国家虽然对计算机人才的培养很重视，但现在有的年轻人对选读计算机专业已经不是很感兴趣。其次是质量。产业界聘用的大学毕业生有的动手能力较弱，缺乏实践经验，只想搞研究，而不愿意做工程师该做的具体工作。他们好高骛远，大事做不来，小事不会做。大学培养出来的已经不是软件工程师，而是搞计算机研究的人，这对美国经济发展已经产生了非常不利的影响。

对于计算机教育质量，企业的共同反映是：毕业生普遍缺乏对现代企业工作流程和文化的了解，上岗适应慢，缺乏团队工作经验，沟通能力、动手能力较差，缺乏创新精神和创新能力，职业道德、敬业精神等人文素质薄弱。凡此种种，皆难以适应现代企业的需要。所以，在西方，计算机教育存在两个问题：一是生源不足，造成了计算机教育的危机；二是质量问题，脱离了产业实际。

在中国，这个问题应该说更加严重，尤其是理论脱离实际、实践环节薄弱、产学脱节的问题。可以说，中国的计算机教育从理念、机制、师资等众多方面都存在着与产业和社会发展脱节的问题，严重影响了人才培养的质量，已经不能满足中国产业升级的需要。

究其原因，首先是受中国传统的教育思想和理念影响。在教学方法上，中国通行的是以教师为中心、以课堂讲授为主，以理论考试成绩评价学生的模式。社会的转型也给中国的教育带来了影响。中国的高等计算机专业教育从中华人民共和国成立前的通识教育，到20世纪50年代学习苏联，院系调整后的分科很细的专业教育，又回到20世纪90年代末至今的通识教育。但教育工作者对如何兼顾通识教育与专业教育、兼顾理论与实践未能厘清。一些人认为，通识教育就是强调基础科学理论、弱化专业内容和工程实践，基础打得越宽越好，理论学得越多越好，什么知识都学点儿，什么工作都能应付。这种弱化教学中实践环节的通识教育，造成了忽视产业实践和工程训练、忽视学生能力的培养的后果，培养出的学生只能了解一些表面的理论，不会应用，没有实践能力，根本无法满足产业的需要。在办学机制上，一些职业院校大多是关门办学，缺乏跟产业和社会的沟通互动。不少学校也与产业界有联系，但产业界对教育的目标、过程、方法没有深刻影响；众多的教学指导委员会，成员几乎清一色是教授，没有产业界的代表。职业院校不去倾听企业的声音，却要一厢情愿地为它们提供“人才产品”，这是一件不可思议的事情，这样的工程教育难以满足产业需求是必然的。而且，在中国最需要产业经验的职业院校教师中，大多数都是从校门到校门，都是高学历出身，没有产业经验，缺乏和工业界的沟通和共同语言。应该说，这是造成中国计算机专业教育和社会需求脱节的主要原因之一。

众所周知，中国经济已持续高速发展多年，中国的产业正面临着从劳动密集型向知识密集型、创新型和高附加值服务型产业升级的紧迫形势。而且，经济全球化已经对人才培养标准提出了国际化的新要求。

但现实情况是，中国培养的计算机专业人才在质量上与此要求相差甚远。实现产业升级最根本的条件是人才。现在产业所需求的人才，是复合型、创新型、国际型、有实际能力的高素质工程人才，这对中国工程人才培养理念、机制和方式提出了全方位的改革要求。

今天，经济正持续高速发展的中国，亟须高素质的人才，人才培养面临着极大挑战欲走出这一困境，别无他路，唯有改革。教育主管部门、专家学者、有识之士无不纷纷建章立制、献言献策，推动计算机专业的教学改革进一步深化和升华。

一、七部委高度重视，目标与要求明确具体

2012年1月10日，教育部、中宣部、财政部、文化部、总参谋部、总政治部、共青团中央等七部委联合出台文件《关于进一步加强高校实践育人工作的若干意见》，文件明确指出：进一步加强高校实践育人工作，是全面落实党的教育方针，把社会主义核心价值体系贯穿于国民教育全过程，深入实施素质教育，大力提高高等教育质量的必然要求。党和国家历来高度重视实践育人工作。坚持教育与生产劳动和社会实践相结合，是党的教育方针的重要内容。坚持理论学习、创新思维与社会实践相统一，坚持向实践学习、向人民群众学习，是大学生成长成才的必由之路。进一步加强高校实践育人工作，对于不断增强学生服务国家服务人民的社会责任感、勇于探索的创新精神、善于解决问题的实践能力，具有不可替代的重要作用；对于坚定学生在中国共产党领导下，走中国特色社会主义道路，为实现中华民族伟大复兴而奋斗，自觉成为中国特色社会主义合格建设者和可靠接班人，具有极其重要的意义；对于深化教育教学改革、提高人才培养质量，服务于加快转变经济发展方式、建设创新型国家和人力资源强国，具有重要而深远的意义。进入21世纪以来，高校实践育人工作得到进一步重视，内容不断丰富，形式不断拓展，取得了很大成绩，积累了宝贵经验，但是实践育人特别是实践教学依然是高校人才培养中的薄弱环节，与培养拔尖创新人才的要求还有差距。要切实改变重理论轻实践、重知识传授轻能力培养的观念，注重学思结合，注重知行统一，注重因材施教，以强化实践教学有关要求为重点，以创新实践育人方法途径为基础，以加强实践育人基地建设为依托，以加大实践育人经费投入为保障，积极调动整合社会各方面资源，形成实践育人合力，着力构建长效机制，努力推动高校实践育人工作取得新成效、开创新局面。

文件明确要求各高校要坚持把社会主义核心价值体系融入实践育人工作全过程，把实践育人工作摆在人才培养的重要位置，纳入学校教学计划，系统设计实践育人教育教学体系，规定相应学时学分，合理增加实践课时，确保实践育人工作全面开展。要区分不同类型实践育人形式，制订具体工作规划，深入推动实践育人工作。实践教学是学校教学工作的重要组成部分，是深化课堂教学的重要环节，是学生获取、掌握知识的重要途径。各

高校要结合专业特点和人才培养要求，分类制定实践教学标准，增加实践教学比重，确保人文社会科学类本科专业不少于总学分（学时）的 15%、理工农医类本科专业不少于 25%、高职高专类专业不少于 50%，师范类学生教育实践不少于一个学期，专业学位硕士研究生不少于半年。实践教学方法改革是推动实践教学改革和人才培养模式改革的关键。各高校要把加强实践教学方法改革作为专业建设的重要内容，重点推行基于问题、基于项目、基于案例的教学方法和学习方法，加强综合性实践科目设计和应用。加强大学生创新创业教育，支持学生开展研究性学习、创新性实验、创业计划和创业模拟活动。

为落实好实践育人的具体工作，文件进一步强调所有高校教师都负有实践育人的重要责任。各高校要制定完善教师实践育人的规定和政策，加大教师培训力度，不断提高教师实践育人水平。要主动聘用具有丰富实践经验的专业人才。要鼓励教师增加实践经历，参与产业化科研项目，积极选派相关专业教师到社会各部门进行挂职锻炼。要配齐配强实验室人员，提升实验教学水平。要统筹安排教师指导和参加学生社会实践活动。教师承担实践育人工作要计算工作量，并纳入年度考核内容。学生是实践育人的对象，也是开展实践教学、社会实践活动的主体。要充分发挥学生在实践育人中的主体作用，建立和完善合理的考核激励机制，加大表彰力度，激发学生参与实践的自觉性、积极性。实践育人基地是开展实践育人工作的重要载体。要加强实验室、实习实训基地、实践教学共享平台建设，依托现有资源，重点建设一批国家级实验教学示范中心、国家大学生校外实践教育基地和高职实训基地。各高校要努力建设教学与科研紧密结合、学校与社会密切合作的实践教学基地，有条件的高校要强化现场教学环节。基地建设可采取校所合作、校企联合、学校引进等方式。要依托高新技术产业开发区、大学科技园或其他园区，设立学生科技创业实习基地，力争每个学校、每个院系、每个专业都有相对固定的实习实训基地。落实实践育人经费，是加强高校实践育人工作的根本保障和基本前提。高校作为实践育人经费投入主体，要统筹安排好教学、科研等方面的经费，新增生均拨款和教学经费要加大对实践教学、社会实践活动等实践育人工作的投入。要积极争取社会力量支持，多渠道增加实践育人经费投入。各高校要制订实践育人成效考核评价办法，切实增强实践育人效果。要制定安全预案，大力加强对学生的安全教育和安全管理，确保实践育人工作安全有序。

2012 年 3 月 16 日，教育部又出台了《关于全面提高高等教育质量的若干意见》（高教〔2012〕4 号），该文件的第八条意见明确指出：强化实践育人环节。制定加强高校实践育人工作的办法。结合专业特点和人才培养要求，分类制订实践教学标准。增加实践教学比重，确保各类专业实践教学必要的学分（学时）。配齐配强实验室人员，提升实验教学水平。组织编写一批优秀实验教材。加强实验室、实习实训基地、实践教学共享平台建设，重点建设一批国家级实验教学示范中心、国家大学生校外实践教育基地、高职实训基地。加强实践教学管理，提高实验、实习实训、实践和毕业设计（论文）质量。支持高职学校学生参加企业技改、工艺创新等活动。把军事训练作为必修课，列入教学计划，认真组织实施。广泛开展社会调查、生产劳动、志愿服务、公益活动、科技发明、勤工助学和挂职锻炼等社会实践活动。新增生均拨款优先投入实践育人工作，新增教学经费优先用于实践教学。推动建立党政机关、城市社区、农村乡镇、企事业单位、社会服务机构等接收高校学生实践制度。

《国家中长期教育改革和发展规划纲要（2010—2020 年）》第十九条明确规定：加强实验室、校内外实习基地、课程教材等基本建设。深化教学改革。推进和完善学分制，实行弹性学制，促进文理交融。支持学生参与科学研究，强化实践教学环节。加强就业创业教育和就业指导服务。创立高校与科研院所、行业、企业联合培养人才的新机制。严格教学管理，健全教学质量保障体系，改进高校教学评估。充分调动学生学习积极性和主动性，激励学生刻苦学习，增强诚信意识，养成良好学风。第二十二条规定：重点扩大应用型、复合型、技能型人才培养规模。

《国务院关于进一步做好普通高等学校毕业生就业工作的通知》（国发〔2011〕16 号）第（一）条："各高校要根据经济社会发展和产业结构调整的需要，认真做好相关专业人才需求预测，合理调整专业设置，推进入才培养模式改革，强化实践教学和实习实训，提高人才培养质量。支持相关行业和产业与高校联合开展人才培养和岗位对接活动，使广大高校毕业生能够学有所用。"

可以说，国家以及教育主管部门高瞻远瞩，用心良苦。

二、构思、设计、实现、运作理论引领计算机教育改革的潮流

针对全世界共同面临的工程人才短缺问题，欧洲和美国等国家采取了一系列的教育改革研究和探讨，并取得了非常有效的改革经验。从1986年开始，美国国家研究委员会、国家工程院和美国工程教育学会纷纷开展调查并制订战略计划，大力推进工程教育改革。在欧洲，欧洲国家工程联合会启动了一项专门计划，旨在成立统一的欧洲工程教育认证体系，以指导欧洲大陆的工程教育改革，加强欧洲大陆的竞争力。在这场改革中，欧洲的改革方向与侧重点和美国是一样的，即在继续保持科学基础的前提下，着重强调加强工程实践训练，加强各种能力的培养；在内容上强调综合与集成，包括自然科学与人文社会科学的结合，工程与经济管理的结合。同时，针对工科教育生源严重不足问题，美国和西欧各国纷纷采取各种办法和措施，包括从中小学教育开始，提升对工程的重视与兴趣。2010年，美国麻省理工学院、瑞典哥德堡查尔姆斯技术学院、瑞典皇家技术学院和瑞典林雪平大学等4所大学组成的跨国研究组合，获得了Knutand Alice Wallenberg基金会近1 600万美元的巨额资助，经过4年的探索研究，创立了构思、设计、实现、运作教育模式，并成立了构思、设计、实现、运作国际合作组织。

CDIO是构思（Conceive）、设计（Design）、实现（Implement）、运作（Operate）4个英文单词的缩写，它是“做中学”和“基于项目教育和学习（Project based education and learning）”的集中概括和抽象表达。该模式以工程实践为载体，以培养学生掌握基础工程技术知识和实践动手能力为目的，在新产品的开发过程中引导创新，使知识、能力、素质的培养紧密结合，使理论、实践、创新合为一体，通过各种教育方法弥补工程专业人才培养的某些不足。该模式不仅继承和发展了欧美20多年以来的工程教育改革的理念，更重要的是还提出了系统的能力培养、实施指导，以及实施过程和结果检验的12条标准，具有很强的可操作性。

构思、设计、实现、运作理论标准中提出的要求是直接参照工业界的需求，如波音公司的素质要求，以及美国工程教育认证权威组织ABET的标准EC2000制定的。它将这种要求反推到教学大纲、教学计划以及课程设置，通过每一门课，每一个模块，每一个教学环节来落实产业对能力的要

求，以满足产业对工程人才质量的要求。

构思、设计、实现、运作理论模式是能力本位的培养模式，是根本有别于学科知识本位的培养模式。对学生能力的评价不仅要来自学校教师和学生群体，也要来自工业界。评价的方式要多样化，而不只是闭卷理论考试。可以这样说，CDIO 是对传统教育模式的颠覆性改革。

迄今为止，已有几十所世界著名大学加入了 CDIO 国际组织，这些学校的机械系和航空航天系已全面采用了 CDIO 工程教育模式，取得了非常好的效果，CDIO 模式培养的学生尤其受到社会与企业的欢迎。美国麻省理工学院已有多届学生在 CDIO 模式下毕业，得到工业界的好评。一些公司还专门为 CDIO 毕业生制定了工资标准，比其他教育模式下的毕业生高出 15%，这表明了产业界对这种教育模式的高度肯定。

三、社会各界、有识之士形成共识

中国每一次教育改革的背后，总有一些学者的身影，他们站在学术的前沿，感知着世界教育改革的风暴，为中国的进步呼吁呐喊，正是有了他们，才使中国教育紧紧跟随着世界发展的节拍。曾留学美国多年的北京交通大学查建中教授就是其中的一员。他身兼数职，其中一个重要职务是联合国教科文组织产学合作教席主持人。

约翰•杜威（JohnDewey，1859—1952）是美国著名的哲学家、教育家和心理学家，是 20 世纪对东西方文化影响最大的人物之一。杜威自 1894 年执教芝加哥大学，10 年间创办实验学校，从事教育革新，成为美国“进步教育”运动的先驱，曾到英国、苏联、日本和中国等许多国家讲学，1919—1920 年间还担任过北京大学哲学教授和北京高师教育学教授，杜威的实用主义教育思想对现代中国教育的改革留下了深远的影响。

“教育即生活”“教育即生长”“教育即经验的改造”是杜威教育理论中的三个核心命题，这三个命题紧密相连，从不同侧面揭示出杜威对教育基本问题的看法。以此为依据，他对知与行的关系进行了论述，提出了举世闻名的“做中学”（Learning-by-doing）原则。杜威认为“做中学”，也就是“从活动中学”“从经验中学”。他明确提出：“从做中学比从听中学是更好的学习方法。”他把学校里知识的获得与生活过程中的活动联系了起来，充分体现了学与做的结合，知与行的统一。

“做中学”原则有利于现代教学中的师生关系的建立，从根本上改变了传统的师生关系。众所周知，传统教育片面强调教师在教育中的权威，在教学中体现为教师的单纯灌输和学生的被动接受，在这个过程中，学生始终处于一种被动的位置，削弱了学习知识的积极性和主动性。杜威主张，在整个学校生活与教学中学生必须成为积极主动的参与者，而教师是学生活动的协助者。

全世界有几百所大学成功实施了“做中学”的教学理念，培养的学生理论联系实际，具备各种实际能力，深受产业界和社会欢迎。例如美国的伍斯特理工学院，自1864年建校以来便奉行“做中学”的教学理念。从20世纪70年代开始，又大力实施“基于项目教育（ProjectBasedEducation）”的战略教育计划。比利时GROUPT鲁汶工程大学30多年来始终坚持“基于项目的学习”，每个学生除在每门专业课程和几门相关课程的学习中要做不同规模和内容的项目外，还要做一个综合性比较强、比较复杂、多来自产业界的“集成工程项目”。这样培养出来的学生理论和动手能力都很强，就业率和就业质量都非常高。

对于加强实践教学，中国的大部分学生是欢迎的，有积极性的。很多学生厌倦了单调枯燥的满堂灌式的教学方法，渴望有实践的机会，希望在实践中得到真才实学。由于现行工程教育理论和实践脱节、教育和产业脱节，学生感受不到知识与现实世界的联系，无从了解社会现实对知识的需求，或是未来工作与现在学习的关联，因此学习缺乏动力、兴趣和热情。

实践环节有两种形式：一种是“实训”，一种是“实习”。实训应以“训”为主，可以把产业界做过的项目拿来练手，不以产生效益为目的，而是注重训练学生应用理论知识于实践的能力和动手能力，把课堂学的知识和技能付诸实践，变成真正可用的东西；而实习则是在生产性岗位的真刀真枪工作，承担生产责任。这两种形式的实践都是必要的。实训为实习做准备，没有实训得到的实践性知识和能力，无法胜任实习工作和承担生产性责任；而没有实习环节，则学生缺乏职场所需要的真正的工作能力和经验。

一大批外企带来了在国外的产学合作传统，越来越多的民营企业由于自身发展的需要也对与大学合作培养人才非常重视。在长江三角洲和珠江三角洲，特别是在IT等高新技术领域，大批企业与学校建立了紧密的长期合作关系，唇齿相依，共同发展，互相支持。在软件工程行业，软件企业主动为各软件工程学院提供实习实训条件，在全国建立了许多实习实训基地。软件人才培养高峰会议和论坛上，到处可见校企合作的感人热烈场面。IBM 公司亚洲区人力资源总监在谈到为什么如此热衷软件人才培养时说："这种产学合作受益最大的就是我们产业界。没有人才，我们无法生存和发展。"

第二节　校企深度合作办学

一、校外实习实训基地建设

校企合作是高等院校谋求自身发展、实现与市场接轨、大力提高育人质量、有针对性地为企业培养一线实用型技术人才的重要举措，其初衷是让学生在校所学与企业实践有机结合，让学校和企业的设备、技术实现优势互补、资源共享，以切实提高育人的针对性和实效性，提高技能型人才的培养质量。通过校企合作使企业得到人才，学生得到技能，学校得到发展；从而实现学校与企业"优势互补、资源共享、互惠互利、共同发展"的双赢结果。

据报道，人类智力发育 48%与遗传基因相关，52%受环境的影响。如何使受教育者在良好的环境影响下获得最大值是每一个教育工作者应该考虑的问题。在学校这一具体环境中，学校文化建设与人的全面发展之间的双向互动关系日益明显，校园文化尤其是大学文化是历史积淀和现实环境的产物，它以相对的独立性、自由性、创造性和包容性等特点，对学生产生着极大的影响。校企合作办学的重要目标之一就是让学生切身感受一下企业文化，或者说对企业文化有一个基本的认识，以利于学生的全面发展。

校企合作办学的关键是选择合适的企业，建立稳定的校外实习实训基地。经验表明，很多实力很强的企业未必适合建设实习实训基地，只有具备如下几方面条件的企业才能作为高等学校的合作伙伴，这些条件是：①拥有专门的供学生学习的教学环境，包括实训设备（计算机、网络、应用软件开发环境等）、场地、住宿、食堂、交通等，最好有一个比较独立的教学环境，能确保学生的学习和安全；②拥有专职的师资和管理队伍，特别是师资，必须是来自一线的具有丰富实践经验的专职技术人员或项目经理，具有多年项目开发经验的人员，借助于他们来弥补高校教师的不足（高校教师特别是年轻教师多半都是从校门到校门，理论知识丰富，实践经验少）；③拥有丰富的真实项目案例（包括齐全的项目文档资料），这些来自生产实践第一线的项目案例能够锻炼学生的项目开发能力以及积累相关经验；④开发了自主知识产权的教学资源，如教材、课件、教学软件、学习网站等，表明企业对教学很重视，并做了相关研究，积累了丰富的素材；⑤和人才需求市场有着紧密的联系，或者说了解用人企业对人才的需求情况，能帮助学校解决学生的就业问题，这也是校企合作办学的重要目标之一。

二、以人为本的实训机制

“以人为本”作为一种价值取向，其根本所在就是以人为尊、以人为重、以人为先。以人为本教育的根本目的是为了人并塑造人。为了更好地体现以人为本的教学理念，某高等院校在很多方面都做了考虑与安排，具体体现在以下几点：

（一）提供多种实训选择

尊重并合理地引导每一个学生的个性和差异性，为每一个学生提供多元发展途径。为此，我们在专业方向、实训地点、实训企业、费用、时间等方面为学生提供多种选择，且为自主选择。

在专业方向方面，设立了软件开发技术（JAVA 方向）、软件开发技术（C++方向）、嵌入式系统开发、软件测试、对日软件外包、数字媒体技术等多个方向，满足学生更好的个性化需求。特别说明的是，几年学习下来，确实有少部分人对软件开发不感兴趣（当初高考填报志愿有一定的盲目性，入学后又不能随便换专业），或者没有这方面的潜质，设立数字媒体技术方向就是给这部分同学一个选择。事实证明，这种做法得到了老师和学生的肯定。

在实习实训地点的选择方面，学校也做了认真的考虑。由于地缘的原因，珠三角和长三角地区的 IT 业比较发达，学生毕业后，多半喜欢去这些地区工作。因此，在选择实习实训企业时，尽量优先考虑广州、深圳、上海、珠海、无锡等地企业。

在实习实训企业的选择方面，也考虑了多种选择。原则上，每个专业方向选择两家不同地区、服务与收费不同的企业，供学生选择。特别需要提到的是，实训的主体是学生，应该充分考虑学生的意见。

在实习实训经费方面，学生是最敏感、最关注的。这里所指的费用，一是实习实训企业收取的服务费；二是学生在企业实习实训时的生活费用。这两项费用加起来对学生来说是一笔不小的开支，对于很多农村家庭来的孩子，压力还是非常大的。很显然，不能一刀切，要求所有的学生支付大笔费用。该院校在这方面，考虑了高、中、低 3 种不同的层次，收费高服务质量好的企业，收费大概在 15 000 元，中档的企业收费在 10 000 元左右，低档的企业收费为 3 000～6 000 元，学生们可以根据自己家庭的经济状况，选择不同收费层次的企业。费用方面的解决方案还有其他措施，接下来会详细讨论。

（二）关键的费用问题及其解决方案

由于经济发展的不平衡，学生家庭在经济实力方面的差距非常巨大。事实上，本专业的贫困生和特困生所占的比例超过了 40%，这给实习实训方面造成了巨大的困难，如果解决不好，校企合作办学恐怕就无从谈起，毕竟不可能要求企业完全做贡献。除了上述所采取的分高、中、低 3 个档次选择实习实训企业外，该院校还考虑了以下几个方面的措施：

（1）给每个外出实习实训的学生支付 2 000 元实训费，经费从学校收取的学费中支出。这恐怕是绝大部分学校没有做到的事情。

（2）如果学生在企业实习实训后，能按时就业，学校再给每个学生奖励 500 元。这一方面能为学生解决经济负担，另一方面也督促学生学好技术、提高能力、按时就业。这也是大部分学校没有做到的事情。

（3）通过让实训机构相互竞价，企业在报价方面做了较大幅度的下调。例如，某合作企业从最初报价 12 800 元下调到了 8 000 元。这样系里帮出 2 000 元，学生自己再交 6 000 元就可以了。

（4）几千元的实训费对不少学生来说还是非常困难的，对此，学校和实训机构又商定了另一个解决办法：采取银行贷款支付，就业后 1 年半内分期付款方式解决（每个月偿还 300 元左右）。例如，某软件园就业实训基地可帮助学生贷款，并帮助学生申请政府补贴，学生就业后还款。这是一个让实训机构与学生捆绑起来共担风险的解决办法，因为学生就不了业，实训机构也拿不到钱！

（5）针对确实没有经济能力外出实训的特困生，也出台了相应的特困生政策，他们可以留在学校做毕业设计和实习实训工作，由学校教师指导完成有关教学任务，并帮助这批学生正常就业。这样就让特困学生也能正常完成学业并就业。

（三）其他以人为本的政策与措施

除以上政策措施外，在以人为本方面，该院校还做了以下多方面工作：

（1）学生离开校园，到外地实训企业学习，安全自然是第一位的。如果在安全方面出现重大事故，那是谁都无法承受的。因此，除了外出时履行告知学生家长、与实训企业签订安全管理协议、学生本人签署安全承诺书等措施外，学校出资统一给每个外出实训的学生购买意外伤害保险，保护学生的利益。

（2）第三学年，学生很多时间在企业实训，毕业设计也在企业进行（校企双方共同指导）。从客观实际来说，大学最后一个学期是学生最忙的学期，既要完成指定的实习实训任务，又要做毕业设计，还要解决就业问题，还有很多毕业环节的工作要按期完成。为了不影响学生的学习，也为了学生的安全，甚至为了学生减少经费开支，学校每年都派若干个教师组分赴各地，在企业现场组织毕业设计答辩（邀请企业技术人员参与）。

（3）人才培养方案中安排的实习实训可分阶段进行，只有最后的综合项目实训到企业进行，其他实训环节尽量安排在校内进行。具体做法是邀请企业的优秀技术人员来学校对学生进行培训，这样既能学到技术、培养能力，也可以节省学生不少经费。

（4）学校的院系领导、教研室主任以及教师代表每个学期都组队到实习实训单位考察、监督实习实训过程和效果，并召开学生座谈会，认真了解学生的状况，听取学生的意见和建议，跟学生谈心，解决实际困难，全方位地关心学生的成长。

三、跟行业接轨

传统意义下的学校教育是有一点点瑕疵的，典型地，教师和学生基本上都是从一个校门到另外一个校门来的，缺乏对行业或企业的了解，特别是还未走出校门的学生，对行业企业几乎一无所知，都不知道自己该学什么，也不知道如何塑造自己。校企合作办学既要让学生切身感受企业文化，又要让学生掌握行业标准的知识与技能，也就是专业知识与能力方面尽可能地与行业接轨，这样才有利于学生今后的发展。某职业院校的计算机专业教学改革具体做了以下几个方面的工作：

（一）5R 实训体验机制

这是构建应用型技术人才的核心和保证。这 5 个“R”分别是 RealOffice（真实的企业环境）、RealPM（真实的项目经理）、RealProject（真实的项目案例）、RealPressure（真实的工作压力）、RealOpening（真实的就业机会）。

（1）RealOffice（真实的企业环境）。实训工作室的设计参照大公司的办公环境，一人一个独立工位，每个办公间有独立的会议室供各个小组讨论和评审。企业要求实训的学生严格按企业员工执行上下班考勤制度（工作牌、指纹考勤机、打卡机等）、工作进程汇报制度，真实体验大企业的工作感受。

学生实训时，按正规的项目开发来组织，即学生按项目开发的实际需要分成小组，每个组的成员都有具体的任务分工。一切按实际项目的运作模式来进行。

（2）RealPM（真实的项目经理）。在项目实训过程中，各个项目组均由两种职能的指导教师带队，负责项目进度跟踪管理的项目经理和具体技术辅导的技术高手。带队的项目经理都是来自于企业具有丰富项目实施经验的项目经理。确保每个学生能获得 IT 企业正式员工应有的真才实学。

（3）RealProject（真实的项目案例）。实训不能纸上谈兵，而是要“真刀真枪”地干。所以真实的项目案例是至关重要的。所谓真实的项目案例，就是企业的项目经理亲自做过的真实项目，加以消化整理，用来培训学生的项目开发能力。不一定是真正的项目开发，毕竟拿真实的项目给学生“练手”是有风险的。例如，某企业实施过国家级大型项目，具有非常宝贵的项目经验，经过整理，抽取出典型的企业应用案例，将整个项目过程完整地还原给学员，让学员在项目中完整地学习整个项目的流程，充分体验一个项目团队应该如何工作，使学生积累大型项目的经验。部分项目案例如下：

•大型电子商务网站系统（.NetB/S+C/S）；

•中小企业内部信息门户（.Net）；

•微软移动开发（.Net）；

•WEB2.0 社区；
•销售或人事 Windows 智能客户端（.NetC/S）；
•基于 0ffice2007 的工作流体系（.Net）；
•业务报表和 BI（.Net 和 SQLServer2005）；
•企业形象展示（.Net3.0）；
•集团协同办公平台（JSP/Servlet）；
•集团人力资源管理系统（Struts+Hibernate）；
•信息发布系统（JSP/Servlet）；
•审计项目管理系统（JSP/Servlet/Applet）；
•在线培训系统（Stmts）；
•工作流引擎（JavaSWT，WebService）；
•互联网数据中心运营管理系统（JSP/Servlet/AJAX）；
•网通计费管理系统（EJB）；
•移动增值服务软件（J2ME）；
•局域网游戏（C++）；
……

（4）RealPressure（真实的工作压力）。项目中有模拟客户代表给予项目组施加真实的项目压力，“意外随时有可能以任何一种形式出现”，当遭遇需求变更、新技术风险、工期变更、人员变动等问题时，能够从容应对的员工才是企业的栋梁。

（5）RealOpening（真实的就业机会）。往往实训机构自身所依托的企业需要大量的人才，它们可以通过实训为自身培养后备人才。项目经理也可以根据学生的表现，向行业战略合作伙伴推荐就业。另外，很多企业也乐意到实训机构挑选具有一定项目经验的人才。

（二）文档标准

文档是软件开发使用和维护中的必备资料。文档能提高软件开发的效率，保证软件的质量，而且在软件的使用过程中有指导、帮助、解惑的作用，尤其在维护工作中，文档是不可或缺的资料。在传统的专业教学中，确实也向学生介绍了软件文档的概念以及书写方法，但都不深入细致，学生们也没有得到真实项目的锻炼，顶多也就脑子里有个大概的概念而已。很显然，这对培养软件开发人员来说是很不够的。

就毕业设计以及毕业设计论文来说，传统的专业教育也是忽视软件开发文档的。计算机类各专业的毕业设计多半都是围绕某个应用开发一个软件，然后就该应用软件开发的总体概述、用户需求、总体设计（概要设计）、详细设计、测试与维护等方面写一份综合性的材料，就算做毕业论文了。

要造就卓越工程师，必须与行业接轨，必须培养学生具备行业企业所需要的知识和能力，甚至一定的经验。为此，学校要求本专业的学生，在做毕业设计与毕业论文时，毕业设计选题必须是企业的实际课题，真题真做；毕业论文则改成了软件开发方面符合行业企业标准的系列文档，如可行性分析报告、项目开发计划、开发进度月报、需求规格说明书、概要设计说明书、详细设计说明书、测试计划、测试分析报告、用户操作手册、项目开发总结报告等。为了避免在软件开发中文件编制的不足或过分，我们将软件文档的编制要求与软件的规模大小联系起来，参照 CMM 标准采用的软件文档规范体系。

根据本规范，一个计算机软件的开发过程中，一般应产生以下 14 种文档：

（1）可行性分析报告可行性分析报告的编写目的是：说明该软件开发项目的实现在技术、经济和社会条件方面的可行性；评述为了合理地达到开发目标而可能选择的各种方案；说明并论证所选定的方案。

（2）项目开发计划。编制项目开发计划的目的是用文档的形式，把对于在开发过程中各项工作的负责人员、开发进度、所需经费预算、所需硬件条件等问题做出的安排记录下来，以便根据本计划开展和检查本项目的开发工作。

（3）软件需求说明。软件需求说明书的编制是为了使用户和软件开发者双方对该软件的初始规定有一个共同的理解，使之成为整个开发工作的基础。

（4）数据要求说明。数据要求说明书的编制目的是为了向整个开发时期提供关于被处理数据的描述和数据采集要求的技术信息。

（5）测试计划。这里所说的测试计划，主要是指整个程序系统的组装测试和确认测试。本文档的编制是为了提供一个对该软件的测试计划，包括对每项测试活动的内容、进度安排、设计考虑、测试数据的整理方法及评价准则。

（6）概要设计说明。概要设计说明书又称为系统设计说明书，这里所说的系统是指程序系统。编制的目的是说明对程序系统的设计考虑，包括程序系统的基本处理流程、程序系统的组织结构、模块划分、功能分配、接口设计、运行设计、数据结构设计和出错处理设计等，为程序的详细设计提供基础。

（7）详细设计说明。详细设计说明书又可称为程序设计说明书。编制的目的是说明一个软件系统各个层次中的每一个程序（每个模块或子程序）的设计考虑，如果一个软件系统比较简单，层次很少，本文档可以不单独编写，有关内容合并入概要设计说明书。

（8）数据库设计说明数据库设计说明书的编制目的是对于设计中的数据库的所有标识、逻辑结构和物理结构做出具体的设计规定。

（9）用户手册。用户手册的编制是要使用非专门术语的语言，充分地描述该软件系统所具有的功能及基本的使用方法。使用户（或潜在用户）通过本手册能够了解该软件的用途，并且能够确定在什么情况下，如何使用它。

（10）操作手册。操作手册的编制是为了向操作人员提供该软件每一个运行的具体过程和有关知识，包括操作方面的细节。可与用户手册整合编制。

（11）模块开发卷宗。模块开发卷宗是在模块开发过程中逐步编写出来的，每完成一个模块或一组密切相关的模块的复审时编写一份，应该把所有的模块开发卷宗汇集在一起。编写的目的是记录和汇总低层次开发的进度和结果，以便于对整个模块开发工作的管理和复审，并为将来的维护提供非常有利的技术信息。

（12）测试分析报告。测试分析报告的编写是为了把组装测试和确认测试的结果、发现及分析写成文档加以记载。

（13）开发进度月报（周报）。开发进度月报（周报）的编制目的是及时向有关管理部门汇报项目开发的进展和情况，以便及时发现和处理开发过程中出现的问题。

（14）项目开发总结。项目开发总结报告的编制是为了总结本项目开发工作的经验，说明实际取得的开发结果以及对整个开发工作的各个方面的评价。

四、合理的实习实训方案

总的来说，实习实训的目的可以概括为以下几个方面：①贯彻加强实践环节和理论联系实际的教学原则，增加学生对专业感性认识的深度和广度，运用所学知识和技能为后续课程奠定较好的基础；②通过实训，开阔学生眼界和知识面，获得计算机软件设计和开发的感性认识，与此同时安排适量的讲课或讲座，促进理论同实践的结合，培养学生良好的学风；③提高学生使用相关工具的熟练程度、运用相关知识、技术完成给定任务的能力及在完成任务过程中解决问题、学习新知识、掌握新技术的能力，能够通过自学方式在较短时间内获取知识的能力，较强的分析问题与解决实际问题的能力；④通过对专业、行业、社会的了解，认识今后的就业岗位和就业形势，使学生确立学习方向，努力探索学习与就业的结合点，从而发挥学习的主观能动性；⑤实训中进行专业思想与职业道德教育，使学生了解专业、热爱专业，激发学习热情，提高专业适应能力，以具备正确的人生观、价值观和健全人格，较高的道德修养、职业道德及社会责任感，良好的沟通、表达与写作能力和团队合作精神。

一些高等院校在实习实训方案的设计与运作方面做了很多考虑，也制定了不少管理制度与政策，以促使计算机专业的实习实训取得良好的成效。下面分几个方面介绍，限于篇幅，很多实习实训的技术细节也就省略了。

（一）专业方向多元化

为了学生的个性化需求与发展，学校在专业方向的设置上做了许多工作，设置了软件开发技术（C/C++）方向、软件开发技术（Java）方向、软件测试方向、嵌入式系统方向、对日软件外包方向、数字媒体方向等。这些方向的差异很大，目的、要求也都不一样。下面就每个方向的实训目的分别予以介绍，并以一个具体的实训方向为例，介绍实训的详细安排。

1.软件开发技术（C/C ++方向）

•熟练掌握 C/C++语言基础，强化编码、调试能力，理解面向对象分析与设计思想。

•掌握常用数据库（SQLServer/Oracle）的设计与管理能力。

•具备软件工程思想，了解软件开发规范。

•了解分布式软件编程，掌握应用服务器与中间件使用。

•深刻理解面向对象的软件开发方法（OOA/OOD/OOP），熟悉 UML 建模及相关常用工具的使用方法。

•参与实际软件项目开发全过程，体验企业工作环境和工作方式，加强团队意识、交流和表达能力。

•增强学生对本专业课程的理解，明确学生本专业的学习目的。

2.软件开发技术（JAVA 方向）

•深刻理解面向对象的软件开发方法（OOA/OOD/OOP），熟悉 UML 建模及相关常用工具的使用方法；培养良好的编码风格，能够编写高质量的 Java 程序代码。

•熟悉 W3CWeb 标准，熟悉 Web2.0 技术规范，掌握至少一种 RWC 或 RIA 前端开发技术，如 Ajax（jQuery/ExtJS）或 AdobeFlex 等。

•全面掌握 JavaEE 核心开发技术，能熟练运用 JSF+EJB3+JPA+Seam 和/或 Stmts2+Spring3+Hibemate3 进行企业级 Java 应用程序开发。

•理解面向服务的体系架构（SOA），能够开发基于 SOAP 和/或 REST 风格的 WebService 应用程序。

•掌握 Java/JavaEE 常用设计模式（DesignPattern），熟悉 JavaEE 开发的最佳实践（BestPractice）。

•熟悉 RUP/Agile 等以迭代为核心的现代软件工程思想和方法，掌握专业软件开发的规范化过程，包括需求分析、系统分析与设计、编码、测试等。

•培养良好的团队协作精神，掌握软件开发人员应该具备的交流沟通技能及自我管理的能力。

3.嵌入式系统方向

嵌入式系统是与特定行业应用密不可分的，嵌入式软件在移动设备、数字家电、数控机床、汽车电子、医疗电子、航天航空、工控等领域得到广泛应用。通过此实训，使得学生具有一定的行业领域知识，使得学生在走上工作岗位时能快速适应现代企业要求，快速成为嵌入式软件工程优秀人才。下面以 Android4G 手机开发方向为例介绍实习实训的目的：

•掌握嵌入式系统开发的基本方法与技术，了解嵌入式系统的体系结构，具备嵌入式操作系统基础知识，具备嵌入式微处理器 ARM 的基本知识和编程能力，具备嵌入式存储系统、10 接口的基本知识和编程能力。精通 1 种主流微处理器系统+1 套开发工具+1 种嵌入式操作系统+多门开发语言。

•学习 Android 应用程序的运行以及基于 Android 平台的系统开发技术、应用开发平台和系统开发的整合技术，全面理解 Android 底层实现机制。

•掌握 Android 平台和 Linux 内核集成、能熟练在 linux 内核上开发自有的 Android 平台。

•熟练掌握 Android 项目的开发流程，从需求分析、系统设计到软件开发，完成一个真实的项目。积累项目经验，达到企业用人需求。

•掌握 Android 的同时了解其他手机平台，如 iPhone 和 Symbian，以拓展学生知识面，丰富学员知识结构。

•在项目开发上积累一定的经验，能结合嵌入式系统软硬平台多样性的特点举一反三，具有创新思维和独立分析解决问题能力。

4.软件测试方向

•掌握软件测试的一般理论和方法，掌握白盒测试、黑盒测试、回归测试等重要概念，掌握单元测试、集成测试、系统测试等测试过程，系统地了解测试计划、测试方案、测试用例、测试执行等测试基本工作。

•理论和实际结合，通过实际案例分析，对软件测试的理论、方法、技术和工具有实践性的认识。

•从系统全局着眼，不局限于具体实现方式；与实践经验丰富的一线从业人员进行互动和交流，了解测试的一些误区和经验，切实掌握一个中等软件项目测试的全过程。

•培养良好的团队协作精神，掌握软件开发人员应该具备的交流沟通技能及自我管理的能力。

5.数字媒体方向

•掌握动画设计的基本理论，具有运用相关软件工具制作动画、漫画的能力，具备创作二维动画、三维动画的能力。

•掌握数字影视技术、数字影视制作技术的理论与方法，能熟练运用拍摄、编辑、特效制作等技巧创作数字影视作品。

•掌握数字媒体产品开发项目的策划与管理的相关理论与方法，了解相关的法律法规和行业规则，具备组织、控制、管理和项目推广能力。

6.对日软件外包

•学习对日软件外包所必须掌握的日语基础，了解日本软件企业的项目管理特点、方式和日本人的品质观，掌握对日软件开发的原则和指导思路。

•掌握对日外包项目启动的人员体制编成、资源调配方面的方法和技巧，以及根据项目环境灵活进行调整的着眼点及思路。

•掌握对日软件项目中的品质和进度控制方法、技巧，学会处理项目组内部成员间的衔接事宜。

•了解与日方进行准确、高效沟通的机制、方式，掌握与日方进行沟通的技巧和注意点，掌握项目变更的控制技术和方法。

•了解对日软件项目发布、维护期间的相关事宜，掌握项目迁移的管理方法和技术。

•掌握对日项目管理中的分析思路和方法，掌握如何建立对日软件开发流程的方法和手段。

•培养熟悉对日软件开发企业软件工程规范、具有良好的软件开发技能，能较快适应 IT 企业的各项工作，日语达到相当于日本国家日语能力考试三级水平，能适应对日外包 IT 企业工作的专业人才。

以上是每个实训方向的培养目标，下面结合一个具体方向介绍某软件企业在 Java 方面与学校合作的具体安排，其他方向就不一一列举了。

（二）实习实训内容层次化

针对合格的工程化软件人才所应具备的个人开发能力、团队开发能力、系统研发能力和设备应用能力，一些学校在专业人才培养方案里设计了 4 个阶段性的工程实训环节，即：

1.认识实习

认识实习主要是让学生对本专业、本行业、IT 企业有一个基本的感性认识，以参观学习为主，不要求学生自己动手。操作上，主要选择本地企业，由老师带队，集体去企业参观，听取企业相关人士的介绍。时间上，一般一次安排半天或一天，参观一到两个企业。

2.课程实训

课程实训是结合具体课程进行的，它跟实验不一样，实验是针对课程里的某一个内容安排的，课程实训原则上是综合课程所学知识的，至少囊括了课程所学知识的主要方面。并不是每门课程都安排实训，而是选择基础性的、理论与实践紧密结合的课程，比如 C 语言程序设计、面向对象程序设计、算法与数据结构、数据库技术等。时间安排为两周，课程理论教学与实验结束后进行。

3.阶段性工程实训

阶段性工程实训不同于课程实训，它综合了若干知识点，借助于一个规模不大的真实或虚拟项目，专门训练项目开发所需要的某些能力，如程序设计能力、项目管理能力、团队协作能力等。由于阶段性工程实训与专业方向紧密相关，通常都是邀请企业技术人员来校对学生实训。该阶段也是项目综合实训的基础，类似于实战前的演练。下面是从软件开发的角度设计的几个不同阶段的工程实训：

（1）程序设计实训：培养个人级工程项目开发能力。

（2）软件工程实训：培养团队合作级工程项目研发能力。

（3）信息系统实训：培养系统级工程项目研发能力。

（4）网络平台实训：培养开发软件所必备的网络应用能力。

4.项目综合实训

项目综合实训的要求更高，它是大学几年所学知识与能力的综合运用，是结合大型真实项目案例来锻炼能力的。一般安排时间 4～5 月，专程离校到企业实训，由企业工程技术人员与学校老师共同指导。学生们既能感受到“真实项目”的压力，也能切身体会到工作氛围，了解企业文化。实际上，项目综合实训比传统上的毕业设计要求高多了，完全可以取代传统意义上的毕业设计。

5.顶岗实习

所谓顶岗实习，就是像企业员工一样，正式上班工作，拿一份实习员工的工资待遇。这一阶段才叫“真刀真枪”，因为企业不可能白给实习生待遇，学生更不能拿工作当儿戏，弄不好要承担责任的。顶岗实习一般只安排一个月。这一个月的顶岗实习也与用人单位的试用期吻合，给了用人单位和学生相互了解、取得信任的机会，有利于学生的就业。

（三）时间安排合理化

本专业的人才培养方案安排了很多实习实训教学环节，这就需要在时间安排上尽量合理，既要考虑知识与能力的循序渐进，又要考虑其他方方面面的问题。具体考虑如下：

（1）见习实习：一般安排在大一第一、二学期。

（2）课程实训：根据课程安排，一般安排课程所在学期的期末。时间两周。

（3）阶段性工程实训：一般安排在第三、四学期，请企业工程技术人员来校组织实训，个别实训安排在暑假。每个实训 2～3 周。

（4）项目综合实训：通常安排在第五学期后半段与第六学期前半段，

学生到企业完成实训任务。

（5）顶岗实习：通常安排在第六学期，也就是项目综合实训结束后。

（四）“请进来”与“送出去”

校企合作办学最重要的一点就是充分发挥校企双方各自的优势，合理地配置资源，以使资源效益最大化。就教学而言，如何在有限的时间内以及尽可能节省经费的前提下，让学生获取更多的知识和能力是我们必须认真考虑的。对此，学校采取了“请进来、送出去”相结合的办法，有效地解决了实习实训的有关问题。所谓“请进来”就是邀请有关企业的业务经理、技术骨干进学校给学生们做报告，在校内完成课程实训、阶段性实训任务；所谓“送出去”，就是安排学生到企业去感受企业文化，去完成真实项目的综合实训等。

1.学术报告和专题讲座

学校定期或不定期地邀请企业界的经理和技术骨干来校给同学们做讲座或报告，报告的内容非常广泛，如如何面对企业的面试、IT 界的新技术、人才需求状况、职业规划、人生经验、行业状况等，让学生们了解更多的信息，扩大视野，树立正确的人生观与世界观，准确面对学习乃至人生。

企业界的经理和技术骨干对行业、对技术、对就业等有不同的视角和观点，邀请他们做报告，例如，某软件园就业实训基地主任对学术、就业等问题就有非常独到的见解，他先后多次到学校来做报告，大家受益匪浅。

2.课程实训或专业方向阶段性实训——“请进来”

计算机专业的实践教学环节除了传统意义下的课程实验、毕业设计外，还安排了一系列的实习实训环节。这些实习实训环节包括认识实习、课程实训、专业方向阶段性实训、真实项目综合实训、顶岗实习等。对于课程实训，学校既采取“请进来”的方式（即聘请企业有关工程技术人员来校实训），也采取校内老师自己解决的方式；对于专业方向阶段性实训，则全部采取“请进来”的方式解决。这种“请进来”的方式既可以节省学校里的经费，也能节省学生的费用（外出的食、宿、交通、通信等开支）。实际执行情况表明，效果很好。

3.项目综合实训——“送出去”

项目综合实训是非常关键的一个实训环节，要求高，历时长（4～5 月），能很好地锻炼学生的项目开发能力。对此，学校采取“送出去”的方式来解决。“送出去”可让学生切身体会项目开发和工作环境的“真实感”，增强“工作经验”（企业用人很“功利”，都希望招收有工作经历的学生），“送出去”作真实的项目综合实训可望解决“学生”和“员工”之间缺失的某些东西，如经验、能力、工作氛围、责任感……对学生将来就业非常有好处。依靠本专业的校外实习实训基地，以及学校制定的各项政策和措施，近几年来，这项工作进行得非常顺利，既让学生在能力上得到了很好的锻炼，也非常好地解决了学生的就业问题，得到了学校、学生和企业的肯定。

五、校企双方的监管与考核机制

第一，学校的院系领导和教师定期或不定期地走访实训学生所在的企业，召开学生座谈会，了解、监控学生的实习实训情况，填写相关调查表，及时掌握、处理有关问题。这一点是非常重要的，失去监管的实习实训就有可能“走过场”，达不到预期的目的。校方不仅定期或不定期巡查，而且还要求写出巡查报告，回校后，组织相关人员讨论巡查过程中发现的问题，并提出解决方案。对实习实训工作做得不是很满意的企业，及时进行调整解决。

第二，校企双方都要按照一定的师生比指定若干专职人员，监控学生的学习情况，要求学生每周与学校教师联系，提交个人工作计划、每周工作总结、课题组进度周报、阶段总结等。这些材料都有相应的模板，学生只要按要求填报、上交就可以了。有科技公司结合学校的要求明确要求：学员填写好所有的资料之后，由负责高校业务的老师在规定时间之内统一发快递到学校负责人处，并明确各种材料提交的时间和方式：①实训考察表：班主任每天负责详细地记录学生的出勤情况。②实训成绩表：让学生在学习期间记录好自己所学的知识，在实训结束时把实训内容填好；同时，班主任也要在学生学习期间把学生的表现做好记录。③实训项目分组：由班主任记录。④就业统计表：让就业部的老师负责登记。⑤周志表：让学生每周把实训进展情况及体会以及对实训单位的意见填好交到班主任处。⑥实训教学情况调查表：在一个实训项目结束时让学生统一填好，由班主任统一收集。⑦实习实训总结：实训总结包括专业技能实训、企业文化感受、团队精神训练、职业道德培养、对实训的意见或建议等内容，让学生在实训结束时填好，由班主任收集。

第三，企业要按照自己的员工一样管理学生，学生每天的出勤情况都要认真考核，个别企业甚至购买了指纹考勤机，每天上下班按指纹，或者利用刷卡机考勤。确保学生按时作息。企业定期向学校报告学生的考勤记录。这对培养学生劳动纪律方面有好处。学生确有客观原因，需要外出办事或回家等，必须履行请假手续，并通报学校。严重违纪的学生，企业有权终止实习实训并遣送其回学校，学校授权企业从严管理。

第四，校企双方共同指导学生的项目实训。项目实训综合性比较强，需要更多理论和经验才能完成任务。校企双方共同指导有利于发挥校企双方各自的长项，有利于学生顺利完成项目的开发工作。为此，在学生外出实训期间，学校专门指定了一批老师负责学生外出实习、实训期间的指导工作，主要负责协调、解决、指导、帮助学生完成实训任务。为了规范校内老师远程指导工作的考核和管理，特制定了校内指导教师工作职责：

①在每学年暑假前（每年的 6 月份），由学院实训中心为指导老师确定需要指导的学生名单，学生离校之前指导老师必须与学生召开见面会，确定完成实习实训的时间、任务和步骤以及联系方式，否则不准许离校到外单位实习或者实训，不承认实习实训成绩。

②校内指导教师要了解学生实习单位的基本情况，并且与学生建立定期的、固定的沟通方式（如群等）。

③每周定期与实训单位、学生联系，了解学生实习实训及生活情况，了解学生实训的项目内容，督促学生配合学院实训中心工作，按时提交实训阶段的材料。

④校内指导教师必须在所负责的学生中，挑选 1～2 名学生作为联系人，负责实习实训期间的日常管理，并向老师汇报在实训机构的情况。

⑤监督学生每周上交电子档的实训周志，实训结束后提交纸质档的实训周志并签字。填写《校内老师指导工作完成情况记录表（每周）》。

⑥学生实训时间为：每年的 9 月至 12 月，实训材料于 12 月中旬统一交至学院实训中心，并由学院实训中心组织召开实训工作总结会（参会人员包括负责教学的学院领导、实训中心主任及工作人员、各校内指导教师)，根据指导教师的实际表现给予计算相应的工作量。

⑦实训结束后，进入毕业设计阶段，时间从 1 月至 5 月。校内指导老师于第 6 学期开学的第二周前将毕业设计学生的周志及校内负责老师指导

工作完成情况记录表提交至实训中心，以便进行校内负责教师工作的评价。校内指导教师要督促学生按照学校要求和规格完成毕业设计工作。

⑧校内指导教师有义务参与到相关工作中，与实训中心工作人员一起认真考察实训机构的资质（提供学生实习实训的能力，包括生活和学习各方面的条件），有义务参加每年的外出巡视（组织系里面相关领导、指导老师前往实训机构所在地进行调查走访）以及外出实训单位进行毕业答辩。

⑨指导学生毕业设计结束，校内指导老师必须提交所有相关工作材料，以便确定工作是否认真负责，提交材料包括开题报告、毕业论文（学校规定的毕业设计档案袋中规定提交的材料）、毕业设计指导记录（如 QQ 聊天记录、电话记录、短信记录等）、校内负责老师指导工作完成情况记录表（每周）。

⑩毕业设计指导老师的工作量考核标准按照 1 个工作量（每周）、每学生，以毕业设计环节 16 周计，必须提交学生毕业设计周志（16 份/人）、《校内负责老师指导工作完成情况记录表（每周）》16 份、学生毕业设计档案袋中规定提交的材料、指导记录若干，由教学工作小组对工作进行衡量，给出评价等级，评价结果分为：合格、基本合格、不合格。合格给予全额工作量，基本合格的给予 50%的工作量，不合格不计算工作量。

第五，企业按照学校的要求，对学生的整体表现、能力、完成工作的情况、效果等方面进行考核，考核结果上交学校，作为学生成绩评定的重要依据，或者某些环节就以企业的评价标准为主。另外，在毕业设计答辩时，答辩小组就由校方人员与企业工程技术人员共同组成，以便充分参考企业方的评价意见。毕业答辩以到公司企业异地答辩为主。

六、其他方面

（一）合作共赢与风险共担

实习实训工作的指导思想原则是“多方受益”。首先是学校受益（社会效益和经济效益），其次是学生受益（学生切实能学到知识，得到锻炼，能积累经验），最后，实训机构也肯定会受益，更进一步地说，将来的用人单位应该是最大的受益者。

校企合作办学也是有一定风险的，比如学生离开学校到企业实习实训，安全就是一个非常重要的问题，一旦出点安全事故，学校、学生与企业就将承担非常大的风险。为此，除了加强管理外，学校给每一个外出实习实训的学生都购买了意外伤害保险。再比如，学生经企业实训后，仍然没有按期就业，企业将拿不到相应的实训费，或者企业将免费继续给学生实训，直到就业为此。

可见，校企合作办学必然是合作共赢、风险共担的。

（二）就业

由于各种客观原因，近些年，大学生毕业后就业不是一件容易的事情。特别是计算机类的专业，由于盲目扩招以及每个学校都办计算机类专业，导致该类学生就业非常困难。

校企合作办学的另一个重要的目的，就是利用企业的优势，解决学生毕业后的就业问题。实训企业身处生产第一线，与很多生产企业或用人单位保持着紧密的联系，对市场需求了如指掌，拥有比学校多得多的就业渠道。因此，校企合作办学时，必须重点关注企业在解决学生就业方面的巨大作用。例如，某软件园实训基地在办理学员入学手续时就与学员签订《学员就业安置协议书》，明确就业岗位、薪资，承诺完全就业，不就业退还全部培训费！一些实训单位，甚至承诺100%帮助学生就业。

（三）协议与合同

所谓协议是指有关国家、政党、企业、事业单位、社会团体或者个人，在平等协商的基础上订立的一种具有政治、经济或其他关系的契约。协议，在其所表示的意义、作用、格式、形式等方面基本上与合同是相同的。两者都是确立当事人双方法律关系的法律文书。合同与协议虽然有其共同之处，但两者也有其明显区别。合同的特点是明确、详细、具体，并规定有违约责任；而协议的特点是没有具体标的、简单、概括、原则，不涉及违约责任。从其区别角度来说，协议是签订合同的基础，合同又是协议的具体化。

校企合作办学涉及学校、企业与学生三方的经济、责任、义务等方面的问题，应该借助于协议与合同，维护各自的利益。特别是学生，以前几乎都没有跟协议或者合同打过交道，利用校企合作办学的机会，也让学生跟企业签订相应的协议或合同。这样既让学生能借助法律手段维护自身的利益，还能增强法律意识，为日后的工作增加见识。

（四）校企共建专业教学指导委员会

为全面提高专业教育教学质量，增强办学特色，培养与地方经济和社会发展紧密结合的高素质专门人才，成立专业教学指导委员会是专业建设的重要工作之一。专业教学指导委员会是专业建设的咨询、督导机构，协助主管领导改革人才培养模式，确定所在专业培养目标、专业知识、能力和素质结构，制（修）订专业人才培养计划，搞好课程建设与改革，加强实训、实习基地建设，改善师资队伍结构。

本专业的教学指导委员会按专业方向进行了细分，原因是不同方向差异比较大。另外，由于企业界的代表往往比较忙，在讨论人才培养方案等问题时，未必能抽出时间坐下来共同讨论。为此，每个方向都尽量多邀请一些企业代表，以保证真正会商专业教学时有足够的企业界代表参加。

（五）共同打造教学资源

校企合作办学要求企业参与教学过程，帮助学生更好地完成实习实训，甚至承担某些课程的理论教学。校企双方各有所长，为更好地发挥各自的优势，共同构建教学所需的各种资源就变得非常有意义，如合作编写教材、提炼教案、精选教学案例、设计教学网站、分解实训项目等。

就教材而言，传统的教材比较重视基本的理论完整性、结构系统性、逻辑严密性以及知识的深度，有助于学生尽快地掌握基本的理论、概念、原理、原则，但其不足也很明显，那就是忽视实践和应用，因而不能很好地培养学生的实践能力。那么，应该采用什么样的教材呢？由于应用型人才既要有宽厚的理论基础，又要具备较强的动手能力，因此教材建设既要考虑为学生搭建可塑性的知识框架，又要从实践知识出发，建立理论知识与实践知识的双向、互动关系。这种教材并不是按照从理论到实践或者从实践到理论的单向方式进行组织，或者把理论部分与实践部分割裂开来，而是将理论知识与实践知识有机地融合起来，在理论知识与实践知识的循环往复中发挥促进掌握理论知识和培养动手能力的作用。因此，这样的教材值得校企双方的教师和工程技术人员认真去探索。

（六）培育双师型教师队伍

在影响学生发展的诸多外在因素中，教师因素显然是第一位的。一般来说，高校教师的素质由知识系统、能力系统以及教师职业道德 3 部分组成。相对而言，计算机专业教师素养有其自身的特殊性：在知识系统方面，应用型人才宽广、先进的知识定位，决定了教师自身应具有扎实的理论功底，对所教授的专业有充分的了解和整体的把握，具有开放式的知识结构，可不断更新和深化自身的知识体系，能及时掌握本学科的学术前沿和发展动向，了解企业行业的管理规律以及对人才的需求等。在能力系统方面，应用型人才综合性、实用化的能力特征，决定了教师应有较丰富的实践经验，具备综合应用各种理论知识解决现实问题的能力，从而可能在教育教学过程中给学生以示范的作用，具有较强的开展应用研究的科研能力，能不断通过科研来反哺教学，应具有较强的自我发展能力，善于接受新信息、新知识、新观念，能不断提高自己，主动适应变化的形势。

正是基于应用型人才培养规格对专业教师在知识与能力方面的双重要求，一些学者提出，应用型教师应该是“双师型”的，既重视基础知识、应用知识的学习与积累，又要重视综合解决问题能力、学习能力、使用技能的培养和提高。从目前的实际情况来看，学校现有的师资是达不到要求的，需要通过各种途径、创新管理制度等来解决问题。

（七）科研合作

学校与企业开展科研项目联合攻关能为校企合作办学提供强有力的支撑作用。原因很简单，一是学校与企业开展科研合作，有利于校企加强联系、紧密协作；二是开展科学研究尤其是应用性研究对学科建设可以起到先导性作用；三是将有关科学理论与实验方法应用于实际，具有直接为经济建设服务的能力；四是学生有机会参加科研项目的有关工作，可直接得到科研训练，从而获取宝贵的科研能力。

第三节　校企合作的几种主要模式

模式是“一组共同的认识假设”。亚当·史密斯在《心灵的力量》一书中指出：“模型或模式是我们感知世界的方法，它如同鱼类的水。模型或模式向我们解释世界，并协助我们预测世界的行为”。研究计算机教育校企合作模式的目的主要在于提高对计算机教育的特点和校企合作办学重要性的认识，以期对构建适应本地经济发展的现代教育人才培养模式达成共识。

由于计算机教育的作用是培养生产、建设、管理、服务第一线的应用性人才，其培养目标的定位说明与其他教育相比，计算机教育与生产实践的关系更为直接。校企合作办学有效地解决了学校学生实习难、就业难、招生难等重大问题，又使企业得到了岗位需求的人才，实现了企业、学校双赢。近年来，我国各院校坚持以就业为导向，采取多种形式与重点行业、支柱产业合作办学，建立和完善校企合作、工学结合的办学机制，为我国的经济发展培养了大批技能型人才和高素质劳动者，并探索出了具有计算机教育特色的校企合作办学模式。

一、企业独立举办计算机院校模式

所谓企业独立举办计算机院校模式，一是在原有企业职工大学或有关教育机构的基础上改制举办的计算机学校；二是企业独立投资举办职业学校。企业独立举办职业学校在实施校企合作、工学结合的办学途径中具有自己独特的优势，其特点在于实现了企业与学校一体化；企业直接主管学校，学校直接为企业服务，但也存在一定的问题，诸如投入不足、不享受公益事业单位的政策等。

（一）企业独立举办计算机院校模式分析

根据国家大力发展民办计算机教育的精神，支持企业独资兴建计算机院校或职业培训机构，企业要继续办好原有的计算机院校。其他经济效益好，办学条件具备，有实力的企业也可以在整合自有各种教育资源或盘活其他计算机教育资源的基础上，独资兴办职业院校或职业培训机构。对此，各级教育、经贸、劳动和社会保障部门应该加强指导，在同等情况下优先发展，优先审批，优先扶持。

（二）企业独立举办计算机院校模式案例的启示

通过查阅企业独立举办计算机院校模式案例资料，对这些案例进行分析，得到如下启示：

1.免除学生找工作的后顾之忧

“课堂设在车间里，学校办在企业内”。这是企业独立举办计算机教育的独特优势。学校根据企业的要求，不断更新教学内容，改进教学方法，使学生学有所专，学有所长，学有所用。学生走上工作岗位后，都能很快适应工作的要求，成为生产一线的技术工人。某职业计算机学院为了使学生免除找工作的后顾之忧，学校与某集团公司签订协议，实行订单式培养。学校根据集团公司用工情况设立专业招生，使学校和企业实现了“零距离”

合作。

2.坚持为企业培养优秀技术工人的宗旨

技工学校是这种模式的典型代表。技工学校在培养学生实践动手能力方面有着优秀的传统、扎实的工作作风，坚持以就业为导向，坚持为企业培养优秀技术工人。

3.贴近计算机教育本质的实习教学

这种模式，计算机学校与企业有着天然的联系，背靠企业，服务企业，真实的生产环境就在身边，为学校的实习教学提供了极大的便利，也更贴近计算机教育教学的本质。如某高级技工学校坚持“丰田培养模式”的实习教学，在实习教学中努力做到一人一机（岗），真机床、真材料、真课题、真训练，实习指导教师对操作的基本动作进行分解，按分解步骤进行指导示范，一步一步地指导学生训练，保证学生基本操作符合标准规范。

4.实现教师与企业研发人员的互动

这种模式，人事管理隶属主管企业或行业。因此，更容易实现教师与企业技术人员的互动。高等职业技术学院的“产学研”主要侧重在将教学与生产、新科学、新技术与新工艺的推广、嫁接和应用的紧密结合。针对这一特点，某信息职业技术学院以“产学研”为导向，充分利用各种教育与技术资源优势，与知名 IT 企业共同培养“双师型”（教师、工程师）、“双薪制”（企业薪酬、学校课时费）、“双岗位”（教学岗位、研发岗位）的师资队伍。如学院每年以“双薪制”从合作企业遴选有企业实践经验和良好授课能力的高学历研发人员作为“双师型”教师，完成部分专业课和实践课教学任务；通过委派教师深入到软件园各企业参与项目开发工作，实现教师与研发人员互动，确保教师的知识更新率每年在 20%～30%，保证实训教学的需要。

5.发挥培训基地作用，开展对企业员工的全员培训和全过程培训

企业举办计算机院校，可以更方便、更有针对性地为企业员工的岗位培训提供服务。如某职业中专充分发挥教育培训基地作用，积极开展对企业员工的全员培训和全过程培训，为企业提供了强有力的人才和智力支持。学校每年和公司人力资源部共同研究制订年度企业员工培训工作计划，明确培训目标，落实培训措施，完善培训评估考核标准，增强了企业员工培训工作的针对性和有效性。近几年每年培训企业职工 6 000 人次，不但优化

了企业人力资源增量，为企业和社会提供了高素质的技能型人才，而且也有效地盘活了企业人才资源存量，提升了企业员工的整体素质，成为企业名副其实的人才孵化器。

二、职教集团模式

职教集团办学模式是指：以职教集团为核心，由职业学校、行业协会和相关企事业单位组成校企合作联合体。如某开发区职教集团是“以名人（名师、名校长、名校）效应为纽带的教育联合体”，即以开发区职业中专为主体，以相关专业群为纽带，根据自愿、平等、互惠互利的原则，集中多所国内职业学校和企业组建而成。它实行董事会管理下紧密联合、独立运转的办学模式。其宗旨在于优化教育资源配置，集群体优势和各自特色于一体，最大限度地发挥组合效应和规模效应，促进计算机教育的发展。

（一）职教集团模式分析

职教集团模式的基本特点：一是坚持以为行业、企业服务为宗旨；二是具有规模效益，教育要素可以达到优化配置，提高运行效率，降低内部成本，实现学校与企业的产学合作和利益一体化，从而可以实现规模经营；三是职教集团不具有法人资格。这种模式适用于各类计算机教育集团。这种模式的优势在于，一是具有规模效益，有利于形成产学联盟，提高管理的标准化水平和专业化程度；二是通过大量采购，可以节约交易费用和供给成本；三是通过大规模市场推广，能够营造优势品牌，克服市场进入壁垒。

（二）职教集团模式案例的启示

1.集团促进了办学体制的创新

3 年来，大连开发区计算机教育集团的实践证明，将若干个中高等计算机院校联合起来，组建计算机教育集团，实行纵向沟通、横向联合、资源共享、优势互补，把计算机教育做大、做强，对于打破单一的办学模式所表现出来的惰性和封闭性弊端有重要作用，为促进薄弱职业学校的发展提供了良好的发展机遇。

2.集团实现了计算机教育资源的整合

计算机教育集团将有形资源（如人力、物力、财力）和无形资源（如学校声誉、信息情报、计划指标等），按优化组合的方式进行最佳配置，做到人尽其才、物尽其用、财尽其力。

3.集团促进了计算机教育的优势互补

加入集团的学校在资金、实验实训条件、实习基地、学生就业等方面，通过合理分工，可以实现优势互补与拓展。一是实现地域和空间优势互补，即特色各异的地域和空间优势，给学校带来连锁互动、互补发展的契机；通过组织校际间的活动，开阔学生视野，为学生成长提供大环境和大课堂，也为学校的教育教学带来生机。二是实现人才的优势互补，即集团化的大空间办学形式为汇集名师、优化教师结构、精选骨干教师提供了更多更好的机会，使人才优势得到充分展示。三是实现职业学校内部管理的优势互补，即集团学校之间，联合办学、连锁发展，有利于在更广泛的范围内进行管理经验交流；集团内的学校之间有各自的管理特色，其内部管理优势就成为他校借鉴的依据，达到相互融通、共同发展提高的目的。

4.集团加强了职业学校的专业建设

通过集团统筹，调整专业结构，实现学科和专业建设上的分工；根据经济结构调整和市场需要，加快发展新兴产业和现代服务相关专业；集中精力办好自己的特色学科和专业，避免了学校之间在学科和专业设置上的重复。

5.集团推进了各成员学校的教学改革

计算机教育集团化，集团内的学校可以实行弹性学制和完全学分制，实现学分或成绩互认；集团内的学校根据自己的优势和特色开设选修课程，可以充分提供学生选课余地；有利于职业学校教学上集理论、实践、技术、技能于一体的培养目标的实现，客观上可以吸引更多的学生就读于集团内的学校。

三、资源共享模式

资源共享是校企合作的共性特征，一切校企合作都具有资源共享的特点。这里所讨论的资源共享模式是指充分利用计算机院校资源，与对应的行业、企业通过合作共建实训基地和举办职业教育培训机构等方式，培养与培训相结合，与企业零距离培养学生实际操作能力，培训“双师型”专业教师和企业在岗职工。

（一）资源共享模式分析

资源共享模式的基本特点：一是实现培养与培训相结合；二是开展“订

单培养”，学校按照企业人才要求标准为企业定向培养人才；三是实现学生、教师、学校、企业共赢。

资源共享模式适用于所有职业学校。在实施这种模式时，坚持优势互补、资源共享、互惠互利、共同发展的原则。

校企合作资源共享模式因有适用范围广，学生、学校、企业共同受益且明显等特点，故得到了认同，被许多学校所采用。这是目前我国计算机教育领域校企合作采用比较多的一种模式。其优势如下：一是解决了学校生产实习教学所需的场地、设备、工具、指导教师不足等问题；二是促进了学校的招生工作，广泛的订单培养模式的实施，使学生毕业即就业，顺畅的就业渠道促进了学校招生；三是为构建高素质的“双师型”教师队伍创造了方便条件；四是为在岗职工文化与技能培训找到优质的教育资源。资源共享模式虽然被大多数学校条件采用，但资源共享模式有其优势也有一定的局限性，其主要局限是合适的选择。如合作的实习单位或实习岗位选择的不合适将不能实现“优势互补、资源共享、互惠互利、共同发展”，不仅如此，还有可能给合作的双方带来负担或者是伤害。

（二）资源共享模式案例的启示

1.“互惠互利”在校企合作形成真正的利益共同体中得到体现

通过合作，企业向学校提供仪器、设备和技术支持，建立校内“教学型”实习、实训基地；同时，企业根据自身条件和实际需要，在厂区车间内设立“生产与教学合一型”校外实习、实训基地。学校与企业各得所需。

2.“双师型”专业教师得到企业的优质资源及最新模式的培训

学校和企业联合共同培养“双师型”教师队伍。某汽车工程学校与某汽车集团合作，集团出资 800 万元人民币，学校出资 100 万元人民币，共同培养高技能型教师。经过培训的“培训师”专业教师，不仅要担负学校专业教师的培训任务，还要承担地方汽车专业教师培训任务，同时又在集团兼任在岗职工的培训任务。校企教师、设备、教材优势互补、互惠互利。在社会、汽车业产生了很大影响，全国各地汽车及相关品牌企业也加入了人才培训基地的建设。

3.资源共享在培养与培训相结合中得以实现

如某汽车工程学校除了学历教育培养未来的汽车中等技术人才外，学校自觉承担起面向企业培训员工的任务。企业与学校共同结合改革和发展的实际，制订计算机教育培训规划与年度计划，积极开展员工的全员培训和全过程培训，努力建设学习型企业。来自汽车发动机公司的汽车发动机装配初级工、中级工、高级工、技师四个级别共 146 人，加工中心操作工 78 人，由学校具有丰富教学经验的专业课教师和外聘专家上课，以国家人力资源和社会保障部技术等级教材为内容进行培训，并结合公司生产实际，安排技能操作实习课。

四、厂校合一模式

厂校合一模式，即企业（公司）与学校合作办学，成立独立办学机构，实现企业（公司）与学校合一。合办的办学机构或以企业冠名或以学校冠名。办学机构教学计划是根据企业的需要，由企业组织专家提出方案，学校审核后制定。学生的实训、毕业设计主要由企业组织落实。

（一）厂校合一模式分析

这种模式以培养学生的全面职业化素质、技术应用能力和就业竞争力为主线，充分利用学校和企业两种不同的教育环境和教育资源，通过学校和合作企业双向介入，将在校的理论学习、基本训练与企业实际工作经历的学习有机地结合起来。其主要特征是：一是学校与合作企业要建立相对稳定的契约合作关系，形成互惠互利、优势互补、共同发展的动力机制。二是企业为学生提供工作岗位、企业对学生的录用由企业与学生双向选择决定。厂校合一即企业（公司）与学校合一；教学设备与企业（公司）设备合一；员工与学生合一；教学内容与公司生产产品合一。这种模式适用于学校根据市场需求新增设的专业或为适应市场需求而改建的专业。

在选择合作伙伴时要以市场需求为基本原则，应坚持可行性原则。

厂校合一模式的优势：一是有利于激发企业办学的积极性；二是有利于学校建立起以市场为导向的培养目标；三是有利于形成灵活而具职业功能性的课程体系；四是有利于实施实践教学；五是有利于培养“双师型”教师队伍。

（二）厂校合一模式案例的启示

1.开发适应市场经济的专业，培养企业所需要的技术人才

厂校合一模式的结合点主要体现在专业开发和专业设置上，企业所需要的人才是学校在一定的专业中定向培养出来的，因而专业设置必须合乎

市场的需要。某职业技术学院“号准市场脉搏”，以社会的需要而不是学校现有的条件来设置、调整专业，创设电子商务、通讯与信息技术应用、应用生物技术、精细化工工艺等新专业，强调培养具有实际工作经验的人才，能解决企业实际问题的人才。该校创造性地提出“零适应期”的培养目标，要求培养出来的学生与社会“零距离”，到企业上岗“零适应期”。正因为有以市场为导向的培养目标，行之有效的培养措施，培养出的毕业生特别受社会欢迎，赢得了社会声誉，也奠定了校企合作的坚实基础。

2.课堂教学与现场教学有机结合

厂校合一模式正是把课堂教学与现场教学有机结合起来，既为学生掌握必要的职业训练和做好就业准备提供了条件，又可以把在工作岗位上接触到的各种信息反馈给学生，使学校不断更新课程教学内容，提高人才培养质量。

3.实施项目实例教学法

项目实例教学法的实施，不仅使学生在技能水平上达到了一个经验型技能人才的标准，而且将一个真实生产环境下的企业文化、管理系统、业务规范、质量要求氛围呈现在学生面前，对学生产生了潜移默化的影响。

4.真正激发企业办学的积极性

计算机教育改革与发展的根本动力从客观上说不是来自教育部门内部，而是来自经济部门和就业部门。一所计算机院校的成功，无论是专业设置、培养计划的制订、教学环节的实施，还是学生的就业都离不开企业的支持配合。某职业技术学院通过厂校合一的合作方式，向企业提供高质量的毕业生。学校教师到企业兼职，帮助企业进行技术开发。通过专业或班级用企业命名、在校园免费给企业提供厂房、展示平台等方式，促进了企业的发展，提高了企业的效益，扩大了企业的知名度。这些措施极大地激发了企业办学的积极性。企业会以更大的热情投身到合作院校的发展中来。

五、科技创新服务型模式

科技创新服务型模式，即计算机院校立足本校的重点和品牌专业，研发新产品、新技术。以研发的新产品、新技术应用于企业，为行业和企业提供科技创新服务。学校建立若干个与行业、企业、科研机构合作的科技创新服务中心，以为行业和企业，特别是中小企业服务为主，实现校企合作，工学结合。在为企业服务的同时，获得自身发展所需的行业信息、实习指导教师、真实职业环境。

（一）科技创新服务型模式分析

1.科技创新服务型模式的特点

一是以职业学校为主体，以科技创新服务为切入点，服务于企业；二是利用学校自身教师和教育设施的优质资源，开展科技创新，研发新产品、新技术，以产促教，使教育资源得到充分合理利用；三是发挥了学校在产、学、研合作中的主导作用，兼顾了学校效益、经济效益、社会效益。

校企合作科技创新服务型模式中拟合作的对象是与职业学校重点和品牌专业相对应的或相关的行业、企业、科研机构、其他高校等部门。

实施此种模式，一要坚持与职业学校所设专业相同或相关的原则。这样，既可充分利用学院相关专业的人员、设备进行科技创新研究、服务。同时，因项目合作需要添置的人员、设备，也可以服务于高职专业教学，从而实现教育资源优化配置，促进专业建设；二要坚持以社会经济发展需要，为当地支柱行业发展提供科技创新服务的原则，侧重技术应用研究，注重新技术的应用与推广，并结合学校在技术应用研究领域的相对优势，从而奠定合作项目的可行性基础。

2.科技创新服务型模式的优势

科技创新服务型模式的实质是产、学、研结合，这是一种以科研合作为主的合作，目的是促进科研成果的转化。它的优势是：

（1）有助于计算机院校学生综合素质与能力的培养。科技创新服务型模式从有利于人才培养的角度出发，学生通过参与科技创新服务，结合所学专业知识与技能，锻炼了创新思维与解决实际问题的能力，并且能使学生更深层次地接触、认识企业的生产实践，从而也在一定程度上提高学生的就业竞争能力。

（2）有助于教师科研能力的培养和“双师型”教师队伍建设。以科技创新服务为切入点，一则强化了教师的科研意识，促使教师深入企业，主动进行应用技术研究；二则通过各科技创新服务平台为教师进行技术应用研究提供便利，帮助教师提高科研能力；三则促进计算机院校教师提高技术应用能力，所授专业与该行业的先进技术密切相连，培养掌握该行业先进技术、满足行业企业需要的技术、技能型人才。

（3）有助于与行业技术发展保持一致的专业建设。计算机院校以培养应用型人才为主要特征，其专业建设必须与相关行业技术应用发展紧密联系。职业学校只有与企业合作进行科技创新研究，才能使专业建设与行业发展保持一致而不滞后，以确保其人才培养目标的实现。

科技创新服务型模式要求服务的技术含量高，要求具有高科技含量的科研成果和实用技术。就目前职业学校的现状来看，一般职业学校不具有这种实力，因此适用范围有限。

（二）科技创新服务型模式案例的启示

1.市场需求是校企合作科技创新服务型模式成功的基础，学校自身的科技创新能力是成功的关键，校企双赢是成功的动力。市场需求是校企合作科技创新服务型模式成功的基础。目前我国只有部分大型企业具备一定的产品研发能力，而绝大部分中小型、民营企业基本上不具备自行投入科研的实力。企业研发水平的现状呼唤市场为其提供从产品的设计开发到批量生产的科技创新服务。这就为科技创新服务提供了机遇，能否抓住这个机遇科研能力就成了关键。

学校自身的科技创新能力是成功的关键。两个案例成功之处就在于他们具有了这种能力。某工贸职业技术学院具有国家级的精品专业及掌握精品技术的教师；某城市建设学校拥有国家一级建材试验室及50余名具有国家一级职业资格证书的教师。两所学校都建立了提供技术创新服务的专门机构——技术创新服务中心。校企双赢是成功的动力。该城市建设学校研发的“绿色环保高性能混凝土最佳配合比”成果用于企业，仅一个工程项目就为企业节约成本近百万元，企业在取得了经济效益的同时又有环保收获。有这样的服务哪个企业不愿意与其合作呢？在服务的同时学校也取得了收获，合作企业不仅为学校安排施工现场作为专用教学地点，并无偿提供人员、设施、仪器的支持，还为学校模拟售楼处赠送了价值近20万元的沙盘模型。

2.专业建设与行业技术发展保持一致，以确保人才培养目标与社会需求相适应

专业建设是职业学校与经济社会发展的重要接口。“按照市场需求设置专业，按照岗位需求设置课程”是职业学校专业设置、课程改革的依据，

从专业、课程的设置，到教学计划的修订、教材的开发，直至教学效果的评价，无不都围绕企业用人的标准在进行。然而，要想让专业建设的速度与经济发展及技术更新的速度并驾齐驱并不容易。“专业建设与行业技术发展保持一致”变成了某些职业学校的奢望，是可望而不可即的事情。这两个案例还为我们提供了专业建设引领行业发展、促进行业发展的成功经验，也体现了教育的领先性、超前性。

3.依托专业发展产业，以产业发展促进专业建设

利用所办精品专业的品牌优势创建相应产业。例如，某城市建设学校成立了建筑技术咨询、房地产信息咨询、物业管理等股份制企业；某工贸职业技术学院围绕鞋类设计与工艺专业建设需要，建立了中国鞋都技术中心、轻工产品舒适度研究中心、鞋类数字化重点实验室、鞋类材料研究中心、温州传统工艺美术研究所等相关机构。这些机构的设立促进了学校专业建设和发展，在使教育资源得到充分合理利用的同时还为学校进一步发展提供了资金支持。

4.适用范围

校企合作科技创新服务型模式不仅适合于高等职业学校也同样适合于中等职业学校，也就是说能否提供科技创新服务只与学校的科技创新水平有关，而与学校的层次无关。

六、企业参股、入股模式

企业通过投资、提供设备和设施等方式，参股、入股举办职业教育。

（一）企业参股、入股模式分析

企业参股、入股模式的基本特点：一是学校、企业双方共同出资，利润和风险共同承担，校企合作体具有独立法人资格；二是学校既有利用自身教育资源优势，努力为企业提供合格人才的义务，同时又有从企业一方获得投资回报，要求企业为其获得的人才“买单”的权利；三是企业既有为所需人才的培养付费并提供相关支持的义务，又有要求学校按质量与数量提供合格人才的权利。

（二）企业参股、入股模式案例的启示

1.有利于建立由企业“购买”培训成果的机制

大的企业或企业集团需要长期、有计划地录用符合本企业特殊需要的

技能型人才，那么，采用这种模式，可有利于建立由企业“购买”培训成果的机制。德国拜耳公司与上海石化工业学校合作，在学校设立“拜耳班”，长期、有计划地为拜耳在上海化学工业园区的生产企业培养其所需的操作技术人员。为此，拜耳公司投入 100 万欧元以建设“拜耳（中国）实训基地”，承担部分骨干教师去德国拜耳公司考察的费用。上海赛科石化公司则向学校支付培训费 150 万元人民币，设立 8 万元“赛科”奖学金，同时为学校部分教室配置近 20 万元的多媒体教学设施等；德国巴斯夫公司除设立“巴斯夫”奖学金外，将承担学校教师 5 年内去德国培训的费用等。而国内知名企业基本上以设立奖学金和向学校捐赠实训设施为主。通过这种模式的校企合作，容易构建起由企业“购买”培训成果的机制。

2.注重企业文化的渗透教育

在进行“订单”式培养的教学实践中，校企双方十分重视对学生进行企业文化的渗透教育。每次企业冠名班开学或者学生与企业举办联谊会，企业领导都亲自参加，宣传企业文化，介绍企业的历史和经营理念，以企业各自独特的文化亲和力，对这些企业未来的员工进行熏陶。学生们都以进入企业冠名班为骄傲，以一种“准员工”的使命感自觉进行知识和能力储备。

七、“双元制”模式

“双元制”是德国首创的一种计算机教育模式。其基本操作形式是：整个教育教学过程分别在企业和职业学校两个场所进行，企业主要负责实践操作技能的培训，学校主要负责专业理论和文化课的教学。

（一）“双元制”模式分析

这种模式的基本特点是：一是教学过程分别在企业和职业学校两个场所进行；二是企业主要负责实践操作技能的培训；三是学校负责专业理论和文化课的教学；四是接受“双元制”职业教育的人既是企业学徒，也是职业学校的学生；五是从事计算机教育的人既有企业的培训师傅，也有职业学校的教师。它适用于借鉴“双元制”的学校及专业。

（二）“双元制”模式案例的启示

（1）制定统一的培训规章和制订统一的教学计划。

（2）受培训者与企业签订培训合同，成为企业学徒。

（3）受培训者在职业学校注册，成为学校的学生。

（4）受培训者在不同的学习地点接受培训与教育。

（5）进行中间考试与结业考试。

（6）企业和个人双向选择确定工作岗位。

（7）接受“双元制”培训的技术工人还可以通过多种途径进行深造、晋级（职）。

第七章　经验体会与总结

第一节　校企合作方面的一些经验总结与体会

一、对“校企合作”办学的理念要有准确的理解

校企合作是高等院校谋求自身发展、实现与市场接轨、大力提高育人质量、有针对性地为企业培养一线实用型技术人才的重要举措，其初衷是让学生在校所学与企业实践有机结合，让学校和企业的设备、技术实现优势互补、资源共享，以切实提高育人的针对性和实效性，提高技能型人才的培养质量。通过校企合作使企业得到人才，学生得到技能，学校得到发展，从而实现学校与企业“优势互补、资源共享、互惠互利、共同发展”的双赢结果。实践证明，企业与高校进行校企合作并回报社会，这是一项具有重要意义的公益事业，是贯彻科教兴国和人才强国战略，促进和谐社会建设的有益实践和重要举措。

看起来似乎很不错，但实际情况如何呢？实事求是地说，高等院校的校企合作并不是一件容易的事情，主要原因有：一是能和高等学校合作办学的企业并不多，大部分企业不具备合作的基础或资质；二是学校主动，企业被动甚至不动，缺乏合作办学的内在动力。典型的一头热一头冷。企业基本上是应付了事。作为终端用人单位的生产企业，既没有兴趣，也无暇协助学校培育人才。即使需要专业人才，大多也是直接从人才市场招聘。因此，选择合作办学的企业至关重要！

经过几年的实践，我们觉得只有具备如下几方面条件的企业才能作为高等学校的合作伙伴，这些条件是：一是有专门的学习环境，包括设备、场地、住宿、食堂等学生学习和生活的环境；二是有专职的师资和管理队伍，特别是师资，必须是来自一线的具有丰富经验的专职技术人员或项目

经理，具有多年项目开发经验的人员；三是拥有丰富的真实项目案例（齐全的文档资料），这些来自生产实践的项目案例能够锻炼学生的项目开发能力以及积累相关经验；四是开发了自主知识产权的教学资源，如教材、课件、教学软件等；五是和人才需求市场有着紧密的联系，或者说了解用人企业对人才的需求情况，能帮助学校解决学生的就业问题。

这些条件确实有些苛刻，正因为这样，能和高校合作办学的企业才不多。那么什么样的企业具备这样的条件呢？无非以下两类；一是行业的大型企业，二是专职机构。前者企业规模大，经济实力强，有能力成立专门的机构，组织专职人员，创造条件与高校合作。大型企业这样做的目的是：①可以提升企业的知名度；②为企业自身的发展挖掘、储备人力资源；③看到了校企合作这一广阔的市场，有一定的经济效益（收取一定的费用，向其他用人单位推荐人才，也就是人才猎头）。没有这些直接的、潜在的社会效益和经济效益，企业和高校合作办学的积极性和热情是不可能存在的。有的企业主要是高考扩招以后，针对高校普遍存在的一些问题（如师资力量不够、设备相对落后、理论教学偏多，学生实践能力不足、学生就业压力大等）专门成立的一些中介机构（专职企业），招募一批具有丰富实践经验的技术人员，创造条件和高校合作办学，弥补高校办学力量的不足，通过向学校或学生收取一定的费用，把学生打造成用人企业适用的人才，以此来寻求企业的生存和发展空间。

二、校企合作方式值得认真考虑

首先应该是“取长补短，多方共赢”。所谓“取长补短”，应该很清楚学校的长处在哪里?企业的强项是什么？以及如何相互弥补？对于学校来说，理论研究、教育教学方法、多学科交叉、学术氛围、学习环境等应该是很强的；对于企业来说，用人环境、市场需求、企业文化、真实课题、软件开发环境、工具与经验等方面应该比学校好。把两者有机地结合起来，对学生的培养无疑是非常有好处的，这也是校企合作的根本。对这个问题认识不透彻，肯定会走入误区。曾经某高校领导一说到校企合作办学，就在公开场合指出：我们应该请企业的工程师来学校教授专业课，或者把学生送到企业去上专业课等。如果这样肤浅的办学能成功的话，那还叫“校企合作”吗？社会还要高校干吗？企业直接招聘一批基础课的老师，搞“企校合作办学”

好了，自己培养大学生更简单了。所谓“多方共赢”，应该指的是学校、学生、企业三方都能从中获得收益。对于学校来说，弥补了办学方面的不足；对于学生来说，获得了能力和机会；对于企业来说，获得了人才和经济利益。只有大家获益，合作才是可持续的、稳定的、健康的。事实上，有了稳定的合作关系，企业甚至愿意投资给高校建设实习实训环境（实践平台）。

其次是“走出去，请进来”。校企合作的方式不应该是单一的，可以请企业的专职人才进学校做报告、谈经验和体会、指导课程实训、开展学术专题讲座等，也可以送学生去企业一段时间，体会真实的企业文化、项目开发环境，感受项目开发的真实压力。“请进来”既可以节省办学经费，也能节省学生的费用（外出的食、宿、交通、通信等开支），“送出去”可让学生感受项目开发和工作环境的“真实感”，增强“工作经验”（企业用人很功利，都希望招收有工作经历的学生），“送出去”做真实的项目综合实训可望解决“学生”和“员工”之间缺失的某些东西（如经验、能力、工作氛围、责任感等）。

最后应该指出的是“课程置换要慎重”。在几年的教学实践中，我们深深地感到一些专门从事校企合作办学的机构为了更深地介入“大学教育”这一领域，以便获取更多的利益，向高校提出了“课程置换”的要求，也就是把高校人才培养方案中的一些课程换成企业指定的课程，理由是为了更好地就业。我们认为这个问题要慎重，弄不好会带来很多问题。一是学校和企业毕竟有不同的目标和追求；二是经过“千锤百炼”的人才培养方案总体上是合理的，其目标也不仅仅是就业；三是每一个专业都有自己的规范和要求，擅自改动是不恰当的。比如计算机类的各个专业，国际（如 ACM、IEEE）、国内（如教育部教指委）每隔几年都推出相应的专业规范，供各高校借鉴和参考。这些专业规范和要求是业内众多知名专家、教授多年研究的结果，企业办学机构的人员恐怕难以达到这样的认知高度。

校企合作办学给学校带来了比较大的好处，或者说可以帮助学校解决一些自身不好解决的问题。具体体现在以下几个方面：

第一，由于分工不同，高校教师在理论研究和教学方面具有较大的优势，而 IT 企业的项目经理则在市场开拓、项目开发等方面独具特色。两者结合起来确实是提高应用实践教学的有效途径之一。

第二，高校的教学内容、实验设备、软件开发工具一般都比较稳定、成熟；而IT企业为了追求效益和利润，多半都追求最新的、最有效的方法和技术。让学生提前感受企业所采用的新技术是非常有益的。

第三，确切地说，高校教师对企业和人才市场并不太了解；而实训机构则和IT企业有各种各样的联系，它们了解市场的需求，知道IT企业对什么的人和什么样的技术感兴趣，它们甚至可以为大家解决就业问题，这是高校难以比拟的。

第四，客观地说，高校办学还存在一些困难，如师资不够、设备不足且老化、场地也偏紧、经费也紧张、市场敏感度差等，甚至连人才培养的方案恐怕都有不太合理的地方。校企合作办学让学校在以上几个方面都得到了不同程度的弥补和加强。企业甚至愿意出钱帮助学校筹建专门的实验室，也愿意在师资培养方面为学校做些工作。

第五，通过与产业的广泛合作和培养大量优秀毕业生可提高学校的知名度，建立良好的信誉，真正成为社会的思想库和知识中心。教学过程和课程设置合理性得到社会和用人单位及时反馈，因而提高教育质量。及时了解产业当前研发信息，拓展教学与研究，促进学校和产业科研合作及技术转移。学生通过工作实践带回产业的活力，丰富并影响校园文化。合格的毕业生成为社会重要的生力军和未来的领袖人物，体现大学对社会的贡献。

三、校企合作对学生的深刻影响

校企合作办学对学生带来了深刻的影响，这些影响主要体现在以下几个方面：

第一，对学生心理、认识、观念上的影响最深刻。学生在校期间，尽管老师们苦口婆心地劝慰同学们努力学习，但是实际上效果不佳，很多学生不当回事，学生方面基本上处于被动状态，课余时间多半喜欢上网聊天、玩游戏、谈恋爱、打牌……追溯原因，可能跟我们的传统教育有关。在我们几千年的传统文化观念里，老师的角色如同父母，学生如同孩子，在这么一种特殊的关系里，“孩子们”往往具有逆反心理，甚至喜欢对着干。把学生送往实训企业学习，环境变了，人与人之间的关系变了，心态也就跟着变了，类似“撒娇”的行为没有了，和企业员工一对比，感觉自己不努力学习不行了。这种变化非常明显，这也是我们感觉到的校企合作办学的最大收获。

第二，在动手能力方面，学生们得到了很大程度的锻炼。在学校，老师教授理论知识比较多，一到合作企业，我们要求“真刀真枪”地做实际项目，在项目经理的指导下做软件开发。这种变化很大，学生们除了理解在校期间所学的理论知识外，还要进一步学习具体的开发环境和技术，积累项目开发经验。

第三，实训项目是按实际项目开发模式组织开发的，学生们被分成一个个项目组，每个组都有项目经理、系统分析员、数据库设计员、界面设计员、测试员、配置经理等，有进度控制，有项目讨论会，文档也要求规范、齐全。项目完成后，还要召开经验总结会。这样一个流程走下来，学生所得到的知识和体会是过去在学校没有经历过的。经过这样的锻炼，对学生将来的工作是非常有帮助的。

第四，学生们在企业学习，能得到企业文化的熏陶。在做人、做事、与人和谐相处、与人沟通、相互协作、理解企业精神和文化等方面，都能得到很大的提高，为毕业后进入企业工作积累了必要的知识和素质。对学生的成长非常有利。

第五，学生们在企业学习，对大学生创新创业教育非常有帮助。一些对市场非常敏感的学生，经过企业教育培养后，内心就有了自己的创业计划，有了自己的奋斗目标。少数学生在校期间就有创业计划，经历企业实习实训后，使得自己的目标更明确，信心更足了。

第六，学生到上海、北京、深圳、广州、长沙、无锡、成都、珠海等地实训几个月，除了能让学生耳闻目睹亲自感受 IT 业发达地区的情况外，对其将来的就业会带来很大的好处。至少学生们可以有更多的时间从容地接触各种 IT 企业，自然也就有更多的选择机会。何况合作办学的企业还会帮助大家就业。

第七，专门的实训机构提倡 5R：RealOffice（真实的企业环境）、RealPM（真实的项目经理）、RealProject（真实的项目案例）、RealOpening（真实的就业机会）、RealPressure（真实的工作压力）。实践证明，这 5 个 R 的体验对学生来说非常有意义。

第八，专门的实习实训机构是面向所有高校的，一大批来自各地的高校的学生在一起学习，编成一个班或者一个开发小组，共同研讨、相互促进，对普通职业院校来说是非常有意义的。在相互的交流过程中，同学们并没有感觉到低人一等，甚至一点也不比别人差，这对增强学生自信心非常有利。

经过认真研究，在校企合作方面做了大量的改革与探索，例如，我们把实习实训分为见习实习、课程实训、项目综合实训、顶岗实习四大类。必须明确指出的是，见习实习以参观、了解为主，原则上由校内教师指导完成，学生最后撰写一份见习报告即可。课程实训主要围绕某一门课程进行，在课程理论学习完成后，为了更好地理解本课程的主要内容、掌握基本能力而增设的实训环节。例如，高级语言程序设计、数据结构与算法、面向对象技术、数据库原理与应用、网络程序设计等课程，都安排了针对性很强的课程实训。项目综合实训一般安排在大三进行，在学完了大部分专业基础课和专业课后，安排学生到企业接受一个或两个真实项目开发的训练，这一环节特别强调“综合性”和“真实性”，前者要求综合运用本专业的相关知识和能力，后者要求项目是来自社会实践的真实课题，而不是过去经常采用的虚设课题。项目综合实训完全可以取代过去一直实行的“毕业设计”，甚至比毕业设计要求更高。最后，安排 1～2 个月的顶岗实习，也就是实际在企业工作，并领取一定的报酬。按照员工的要求工作一段时间对学生来说非常有意义，得到的锻炼也很大，获取一定的报酬也是应该的。经过一段时间的工作，学生对企业文化、综合素质、知识和能力要求的体会肯定更加深刻。对于特别优秀的学生，顶岗实习的时间可以更长，获取的报酬自然也更多，对学生自信和自豪感的建立更有意义。

课程实训既可采取“请进来”的方式（聘请企业有关工程技术人员来校实训），也可采取校内自己解决的方式（也就是依靠自有的师资力量）；项目综合实训采取“送出去”的方式进行（即送学生外出企业实训）。

选择恰当的合作企业是校企合作办学的关键，前面已经指出过并不是所有的企业都适合于合作，如何选择恰当的企业呢？结合相关院校的实践经验，以下几个方面是值得参考的：

第一，地域是很重要的因素。在 IT 业并不发达的地区的学生毕业渴望到 IT 业发达的地方工作，自然希望到 IT 业发达的地方学习和开阔视野。像深圳、广州、上海、北京等地，学生们是非常向往的。另外，学生们来自祖国四面八方，有些喜欢上海，有些喜欢深圳，有些喜欢广州，各有各的喜好，因此，合作企业不应该来自同一个地方，最好各个主要城市都有。

第二，合作企业的资质至关重要。前面已经谈到了什么样的企业是校企合作办学的最佳伙伴，选择具体合作企业时，必须认真考察这些企业的办学环境、场地、设施、专职人员的能力、教学资源、管理水平等，通过谈话、走访、查看资料、亲自体验等方式逐一考核。

第三，考察组成员的组成也要尽量全面，最好由院系领导、教师代表、学生代表组成，拒绝院系领导通过考察直接选定合作企业。院系领导和教师主要负责考察合作企业的准入资格以及实训安排、要求和有关合同协议等事宜。带学生代表外出全程跟踪考察合作企业（代表由学生自己选举，最好一个班一个）非常重要，毕竟最终是学生去这些企业实习实训与学习，如果学生们自己不满意，将来的合作肯定会有问题和麻烦。

第四，考察结束后，要召开相关专题会议（哪些人参会有相应的文件规定），集体讨论哪些企业具有“准入资格”。在这个阶段，一定要认真听取学生的意见和建议。我们的做法是：让参与考察的学生代表写出考察报告，返回学校后，分别给全班同学做报告，然后听取全班同学的意见，最后把同学们的意见和建议反馈给院系领导和老师们参考。最后，从众多的企业中选出5～6家具有资质的企业。选多了不便管理，选少了学生们的选择范围就太小了。

第五，选出的5～6家企业还要相互竞争，类似于招投标。在指定的时间里，每个企业要向学生宣传、介绍自己的实力、服务、业绩等，最后由全体学生自主选择到底跟哪一个企业签协议，学校不做任何干预，少数学生甚至可以选择哪里都不去，就在本校完成学业。让合作企业相互竞争，学生确实可以从中得到很多实惠（如费用打折、小礼品等）。

四、经费的解决办法

（一）与学校、实训机构共同解决

综合项目实训长达几个月，不同的实训机构服务不一样，收费也不一样。收费标准从2 500元到16 000元不等。收费低的只负责实训，收费高的“包就业”，甚至把就业后的最低工资标准都写进合同！针对敏感的费用问题（很多学生来自贫困的家庭），我们做了如下几个方面的处理：

第一，凡是外出实训的学生，学校给每人支付一定的费用。

第二，通过让合作企业相互竞价，公司在报价方面做了较大幅度的下调。

第三，采取银行贷款支付，学生就业后一年半内分期付款。

第四，实在因为经费问题不愿意外出实训的，也可以留在学校做毕业设计，由本校教师指导完成有关实训任务，这样就给了学生充分的自主权。

（二）软件外包方式解决

软件外包也是解决经费问题的一个办法。所谓软件外包就是一些发达国家的软件公司将他们的一些非核心的软件项目通过外包的形式交给人力资源成本相对较低的国家的公司开发，以达到降低软件开发成本的目的。众所周知，软件开发的成本中70%是人力资源成本，所以，降低人力资源成本将有效地降低软件开发的成本。因此，软件外包已经成为发达国家的软件公司降低成本的一种重要的手段。软件外包的大幅度增长也为人力资源成本相对较低的印度和中国带来了新的发展机会。目前，国内软件外包产业较为发达的地区有上海、北京、大连以及深圳等城市。据报道，北京有40%的软件企业参与外包项目，软件行业60%～70%的营业额来自外包，在上海和北京，一个软件外包工程师的月薪达到7 000～10 000元人民币。软件外包为印度经济的发展产生了很大的推动作用，我们国家的有关部门也在努力推进这一产业。总之，这是一个发展空间很大的行业，值得软件工程专业重视。基于此，本专业近几年每年都有一批学生选择对日外包方向，去相关企业实习实训，毕业后从事对日外包服务。我们所做的主要工作有：

第一，多做宣传，让学生了解这一行业的有关情况。学生们刚开始对软件外包并不了解，对将来的工作和待遇一无所知，特别是对日外包，学生们最担心的就是日语。也许英语已经让学生产生了恐惧感，再学一门日语，学生都有一定的畏难情绪。

第二，提前做好工作。利用校内外日语系的师资力量，在大二、大三的时候选派一部分学生选修第二外语——日语。有了日语基础后，再选择对日软件外包方向就没有太多障碍了。

第三，合作办学企业拥有专职的日语教师。学生到企业实习实训时，企业的专职日语教师按照既定的计划，有针对性地对学生进行为期半年的日语培训，几乎每天都有1 h的日语训练。

第四，综合项目实训的案例都是来自日本的真实项目。通过真实项目的训练，让学生了解对日软件外包的流程、技术、规范、环境、工具、需求说明等，为毕业后从事相关工作积累经验。

（三）民主管理方式助力解决经费

第一，选择什么样的合作企业是经过集体讨论，并参考了学生的意见和建议后才做出决定的，不是哪一个人说了算。避免了暗箱操作，也防止了某些不当的行为，保障了学生的利益。

第二，设定了若干个专业方向也充分考虑了学生个性化学习的需要，并且最终学生选定哪一个专业方向完全由学生自主选定，尊重了学生的意愿。

第三，学生最终和哪一个合作企业签约，完全由学生自主选定，学校只负责认定合作企业的资质和准入资格以及签订协议和合同，就连学生和合作企业最终商定的实习实训经费是很多学校都不知情，也不需要知情，只要学生和企业双方满意就行了。

第四，实习实训经费方面的解决方案也充分考虑了学生的不同家庭背景，充分体现了以人为本的管理理念，让每一个学生都能完成学业，得到锻炼，最终有一个好的出路。

第五，学校每个学期都不定期地派院系领导和老师到合作企业监管、了解学生的实习实训情况，发现问题及时解决。另外，还指定了若干教师作为监管者，每个星期和学生联系，了解学习情况。

第六，学生们都在外地实习实训，如果毕业答辩要求大家回到学校进行，对学生来说确实不方便，也不安全，还要增加学生的经费负担。这些年来，有的学校每年都派一大批老师去外地给学生作毕业论文答辩，得到了学生的充分肯定。

五、安全！安全！安全！

校企合作办学，学生需要离开学校一段时间，到企业实习实训，感受企业文化，接受真实环境和项目的锻炼，对学生来说，增加这样的经历确实非常有益，但不可忽视的一个问题是：安全！安全必须放在第一位！

各级领导经常强调的是：安全问题无小事。确实是，它涉及家庭和社会的稳定与和谐。一旦出事，小则造成财产损失，大则人命关天。因此，必须引起高度重视。

结合各院校的经验以下几点需要注意：

第一，选择合作企业时，重点考察企业的教学、生活设施以及管理制度。对教室、食堂、宿舍等场地做认真、细致的调查了解，特别对实习实训期间，企业对学生的考勤、外出管理、财产保管等，提出严格要求。

第二，加强学生的安全教育。除了召集学生开会，强化安全教育外，每一个学生都要跟所在院系签署一份安全管理的协议书，协议书上明确指出了学生外出期间应该遵守的安全条例。

第三，学校制定了相关管理制度，明确要求院系领导不定期地到企业巡查、监控，了解学生的实习实训情况，发现问题及时纠正。

第四，学校以合同的形式责令企业做好安全教育与管理，否则取消其合作办学的资格。

第五，为防万一，学校出钱给每个学生购买了意外安全保险。

第六，学生外出实习实训及去向，以书面形式告知学生家长，并要求家长签字同意。教育学生要经常跟家庭保持联系。

校企双方共同监管也能够有效解决学生安全问题。

学生在企业实习实训，学习与生活方面必须加强监管，完全靠学生自觉是不现实的。而且这种监管应该是校企双方共同的责任和义务，单靠一方面努力是不够的。这方面的经验可总结如下：

第一，学校的院系领导和教师不定期地走访学生所在的企业，了解、监控学生的实习实训情况，及时掌握、处理有关问题。

第二，学校专门指定若干专业教师，按照一定的师生比，监控学生的学习情况，要求学生每周与教师联系，提交个人工作计划、每周工作总结、课题组进度周报、阶段总结等。这些材料都有相应的模板，学生只要按要求填报、上交就可以了。

第三，企业要按照自己的员工一样管理学生，学生每天的出勤情况都要认真考核，个别企业甚至购买了指纹考勤机，每天上下班按指纹，或者利用刷卡机考勤。确保学生按时作息。企业定期向学校报告学生的考勤记录。这对培养学生劳动纪律方面有好处。

第四，校企双方共同指导学生的项目实训。项目实训综合性比较强，需要更多理论和经验才能完成任务。校企双方共同指导有利于学生顺利完成项目的开发工作。

第五，企业按照学校的要求，对学生的整体表现、能力、完成工作的情况、效果等方面进行考核，考核结果上交学校，作为学生成绩评定的重要依据。

第六，学生确实有客观原因，需要外出办事或回家等，必须履行请假手续，并通报学校。严重违纪的学生，企业有权终止实习实训并遣送其回学校。学校授权企业从严管理。

六、为就业让路的时间安排

按说高等教育的目的是培养人才，就业不能也不应该作为一个重要的目标。但在目前这个阶段，不认真考虑就业问题恐怕是不现实的。一方面就业压力确实很大，如果学生毕业后连个像样的工作都没有，这个专业还能办下去吗？专业的教学改革还能成功吗？家长们还愿意把孩子送来读这个专业吗？另一方面，上级主管部门很看重就业率，往往把就业率当作办学方面一个非常重要的考核指标。

计算机专业的教学改革非常重视学生的能力培养。为此，我们在人才培养方案里增设了大量的实训，如课程实训、项目综合实训等，而且划分了多个专业方向，每个专业方向又需要增开 1～2 门专业基础课。这样一来，在不削减其他理论课的情况下，学时数肯定增加不少。如何解决这一问题呢？

让人头疼的是，每年的人才招聘并不是在学生毕业后进行，很多用人单位往往在上一年就做好了下一年的用人计划，从年初甚至更早就开始招人了，而这个时候学生还没有完成学业。

综合考虑这些因素，我们决定充分利用暑假这段宝贵的时间。好在南方的学校暑假时间比较长（寒假时间短），完全有可能安排一个短学期。在充分尊重学生意见的基础上，我们利用寒暑假完成一些课程的实训，使一些理论课尽量往前提，利用大二后的暑假开始安排学生去企业做综合项目实训，尽量争取在第 5 学期结束后，学生可以进入人才市场参与竞聘，在得到一个满意的工作后，再安排学科专题讲座、顶岗实习、毕业论文的撰写与答辩等教学环节。

第二节　教育教学方面的一些经验总结与体会

一、加大教育教学改革力度，力求做出特色，创造品牌

（一）教学改革要立足本专业

围绕教育与教学改革，需要开展大量繁重而又学术性很强的专业技术

及其管理工作。很多院校在刚开始时，可以说毫无经验可言，完全是“摸着石头过河”，试探着跟企业合作办学，碰到了不少问题，克服了不少困难。经过了几年的摸索，积累了不少经验，及时认真总结，并进一步优化教学计划和人才培养方案，强化各项管理，形成详细的管理制度并严格执行。在完善、规范各教学环节的基础上，并把取得的改革经验推广到其他专业。许多院校在计算机专业改革上做了许多大胆的尝试，积累了很多经验，也取得了一些成绩：

第一，解放思想，勇于探索和实践，一切从实际出发，不断发现新问题，研究新情况，大胆地改革，在实践中不断总结经验，完善人才培养方案。

第二，专业调整要及时。根据实际情况，果断调整专业，集中精力做好当前专业的教学计划。

第三，加大教学改革的力度是必要的。院系在计算机专业的教学改革方面给予足够的重视，制定专门的政策和措施，加大经费支持力度，鼓励教学改革与实践。除了支持老师们努力争取省级教学改革立项外，对于校级立项也给予经费配套支持。甚至专业所在院系也拿出几十万元，设立专门的教改课题，立项研究，合同化管理，力求研究出成果，实施出效益。

第四，“种瓜得瓜，种豆得豆”，多年的努力没有白费，在向更高层次办学迈进的道路上，收获各种回报。

（二）教学改革要实践新的理念

在计算机专业中实践新的教学理念，面临的重大困难就是师资。高校的教师多半都是从一个学校到另一个学校、从硕士到博士出来的，都是偏重理论研究的，在计算机应用领域所做的工作并不多，积累的实践经验也少，很难满足新的理论对“双师型”教师的要求。这不是教师的天生不足，而是对教师的考核机制造成的（不搞理论研究是很难评上教授）。我们必须认识到：

第一，思想认识观念要提高。相对来说，给学生传授理论知识是容易的，培养学生的创新和实践能力要困难得多。要想提高学生的实践能力首先就要提高教师的实践能力，也就是按行业、企业的要求解决实际问题的能力。在这方面，可以向国外学习，借鉴经验。例如，日本规定教师须先到企业工作。德国搞了一个“双元制”：学习与工作、学校培训和企业实践紧密结合，对于理论课教师而言，获得大学教师资格的一个重要条件就是要在与所学专业相同行业的企业至少实习一年，以了解现代企业的组织管理机构、生产经营方式和相应的实际操作技能。

第二，教师首先要具有新的计算机教育理念，具有从事新的计算机教育教学的能力。教师要面向新的计算机项目的实施教学计划和课程关联的工作，以“做项目”为主线来组织课程，增强理解和培养相关能力。设计不同规模和内容、比较综合复杂的项目，训练和培养学生综合应用相关知识的能力、创新思维能力和终身学习的能力。制定专业知识与能力的基本架构，设计包含本专业主要核心课程和能力要求的“四年一贯制的项目”。

第三，学校应建立在职教师培训制度，安排专业教师到企业、科研单位进行专业实践。专业教师每隔几年都有机会到生产服务一线实践。加强与相关企业的联络与沟通，不定期联系具有丰富实践经验的专业技术人员对有关教师进行技术培训，利用假期对在职教师进行培训或开设专题讲座。每年召开一次用人单位座谈会，共同研究专业建设、课程内容和教学方法改革。实施“产、学、研”结合，跟踪高新技术。努力提高专业教师的市场研究开发能力和应用技术的研究推广能力。积极引进相关企业、事业单位中有丰富实践经验和教学能力的管理人员、技术人员来校做兼职教师，并对专业教师进行传、帮、带。

二、课程建设的重要性

（一）重视课程建设

提高教学质量的重要环节之一就是课程建设，这项工作做好了，教学质量就有了基本的保证。客观地说，老师们在科学研究方面的积极性很高，在课程建设方面的积极性就大打折扣了。原因很简单，一是课程建设投入的时间、精力不少，教学成效的时效性不强，给人感觉努力了半天，短时间内很难看到非常显著的成果。二是职称评定等考核机制，对课程建设等教学环节没有太明确的要求。

我们在专业课程建设方面，注意到了这些问题，并采取了相应的措施。

第一，制定了专门的政策，从制度上予以保证。具体地说，有以下几个方面：①设立课程建设负责人，负责各门课程建设的监管。②设立课程负责人，监管课程的具体建设工作。负责任课教师的动态管理。具体地说，从人才培养方案中选取若干门专业主干课程，如计算机导论、高级语言程序设计、面向对象程序设计、算法与数据结构、计算机网络、软件工程、操作系统、数据库技术等，选聘教学和实践经验丰富的教师担任课程建设负责人。由每门课的课程负责人组织2～3名教师，提出课程建设目标（如校级、区级精品课程、重点课程、课件设计大赛等），讨论教学内容和教案，建设教学资源（如课件、网站、试卷等），申报教改项目，完善教学大纲、实验大纲和实训大纲，承担该门课程的教学任务。③每个教师可选择1～2门课程作为主要授课课程，先个人填报志愿，然后由课程负责人和系、教研室共同审定任课教师，一旦确定，原则上不允许擅自调整。④每门课程至少确保2～3名教师参与建设和授课，不至于因为个别人原因而没有人授课或调整教学计划。每门课程的建设采取集体讨论、集体备课、统一教材、统一教案、统一要求等方式，具体工作由课程负责人牵头管理，最后由专业负责人审定。⑤由课程负责人选定该课程的授课教师。系领导、教研室主任负责协调。不参与课程建设的老师原则上无权承担该课程的教学任务。⑥为了提高教学质量，尽量安排小班教学。具备条件的课程尽量实行教考分离。教学质量好的教师增加课酬 10%，以资鼓励，对教学质量差的老师要进行调查和调整。

第二，每门课程的建设以项目的形式进行管理，明确建设任务后，要正式签订合同，限期完成建设任务。依据建设目标的不同，给予每门课程8 500～30 000元不等的专项建设经费。该项目经费由课程负责人管理使用，可用于课程建设调研的差旅费、学习与培训、参加学术会议、论文版面费、资料费、办公用品费等。另外，如果老师们在课程建设方面获得校级及以上成果和奖励，再给予奖励配套。

第三，选定2～3门课程按国家级精品课程的要求进行建设，在人员、经费、设备等方面给予更大力度的支持。

（二）注重程序设计的质量问题

实事求是地说，绝大部分学校在教学过程中并没有注重程序设计的质量问题，这可以从各出版社出版的教材看出这一问题的严重性。事实上，程序是有质量要求的，而且这些质量要求是有国家、行业或者企业标准的，如果我们的教材、课堂、作业、实验等环节都不谈也不要求程序质量，学生毕业后也就只能写“野程序”了。很难想象一个写惯了“野程序”的人将来能成为优秀的程序员或者卓越工程师，也很难想象其他行业如果都像计算机行业一样不注重质量会是什么状况。为此，本专业专门开设了高质量程序设计课程，它通过强化质量意识，培养学生设计符合企业规范的、高质量的程序的能力。下面谈谈本课程应该关注的问题：

第一，要统一思想认识。思想认识到位了，行动才有可能到位。这里必须明确指出的是不光是要求学生提高思想认识，全体教师也一样。俗话说，“字如其人”，说的是看一个人的字就可以了解一个人的修养。同样，看一个人的程序代码，也能看出一个人在程序设计的修养。很多人以为只要写出了程序，可以运行且结果正确，就大功告成了。至于质量问题，基本上是不当回事的。殊不知“细微之处见真功”，真正能体现一个程序员的功底恰恰就在这些细微之处。

第二，本课程的教学内容安排应该涉及程序的正确性、可读性、效率、可移植性、可维护性、安全性等。必须通过大量的实例说明问题，而不是简单地说说概念和原则，教学内容的组织并不容易。

第三，该课程的考核不宜采取传统的笔试方法，可以给出一个规模不大的项目，让学生学写高质量的程序代码；也可以给出一个代码质量很差的程序，让学生修正为高质量的程序代码。

三、计算机网络的教学改革与建议

计算机网络是计算机技术和通信技术相结合的产物，是本学科专业的核心技术之一，对社会都起着举足轻重的作用。因此，计算机网络这一课程就显得非常重要。纵观该课程多年来的教学实践，深感该课程教学改革的路还很长，需要做的事情还非常多。建议在以下几个方面多做努力：

第一，教学时理论上的 OSI 七层协议应该向事实标准的 TCP/IP 五层协议靠拢，没有必要人为地设置理论与实践脱离的鸿沟，给学生带来困惑和麻烦。

第二，网络技术发展非常迅猛，没有必要什么东西都从最底层学起，倒是很多新的技术、新的知识必须告知学生，如网格技术、云计算、移动互联网、物联网等。可采用自顶向下的教学方法，从生活、实例和新技术人手，课程重点放在应用层、传输层和网络层。

第三，组网技术已经标准化，相关知识实在没有必要浪费太多的理论学时，可以结合实验或实训达到教学目的。

第四，网络程序设计对于计算机专业来说已经成为学生必须掌握的技能，相关的理论和知识必须在教学过程中得到强化。

第五，网络应用领域越来越广，财富神话一个接一个地诞生，如何强化网络应用的意识值得大家深入思考，这对学生将来的发展也十分有利。

第六，网络实验所需设备较多，部分设备价格昂贵，不是每一所学校都能配置齐全的。有没有更好的办法解决这一问题呢？有必要引入虚拟设备!

第七，网络技术有可能带来法律、道德、伦理等方面的问题，教学方面既要传授相关技术，也要加以正确的引导。

(一)关于教材的问题

第一，我们必须明确的是，教材是第一教学参考书，但不是唯一的教学参考书。教学应该按课程大纲的要求进行，而不是依据某本教材。事实上，任何一本教材都很难百分之百地与课程大纲吻合，除非是按照课程大纲的要求专门编写的。除了教材，任课老师应该给同学们指定一些主要的参考书，供同学们课外阅读。

第二，尽量选用国家级优秀教材或规划教材，毕竟它们代表着国内的优秀水平。

第三，支持老师们编写、出版符合本专业教学改革指导思想的、有自己特色的教材，这也是相关课程的课程建设的任务之一。

第四，不要求学生订购老师们指定的教材，学生有选择教材的权力。学生也可以购买或借用高年级学生使用过的教材。

第五，如果有可能，老师们为学生提供电子版的教材，以减轻学生的负担。现在有些教材高达100多元，对有些学生来说，压力很大。

(二)加强实验教学

计算机专业的很多课程都需要通过实验来加深理解，获取经验。因此，实验教学就显得非常重要。

第一，实验环境和设备。至少有一段时间，很多学校都在兴建“大机房”，一个实验室里面摆放了多达一两百台计算机，看起来确实气派。但实事求是地说，只是经看，供参观，不适用。试想，100多名学生在里面做实验，指导老师人数有限，即使一个学生提一个问题，每个问题解答1分钟，每人轮一遍，也需要两个多小时，这样很难保证实验教学的质量。因此，实验方面建议采取小班教学。

第二，对于计算机专业来说，绝大部分实验都不需要性能非常好的计算机，但却需要安装足够多的软件。当然，在确保系统安全的情况下，最好每台计算机都能方便快速地上网，便于学生查找学习资料。

第三，加强实验管理。计算机上的实验与其他实验相比，一个巨大的区别就是纪律性差的学生容易分心走神。如果不加强管理，一些不自觉的学生就会上网聊天、玩游戏、看视频、看新闻、网上购物等。对此，既要从严管理，也要从技术上控制。另外，学生也容易复制或下载别人的材料应付了事。

第四，计算机方面的实验既有验证性实验，也有设计性实验。验证性实验相对容易，设计性实验需要的时间较长，2 个学时明显不够，我们很多时候都采取连排 4 个学时（上午或下午）或 3 个学时（晚上），有利于学生连贯地完成实验任务。

第五，计算机实验多半与程序设计有关，自始至终地考核程序设计质量，对学生将来从事本专业的工作非常有益。

第六，有条件的话，理论教学的教室和实验教学的实验室可在一定程度上结合起来。现在大部分学校都开通了无线网络，校园内任何一个地方都可以上网。笔记本电脑的性价比越来越高。学校完全可以购买一批笔记本电脑，发给每个学生，由学生自己管理与维护，实践性强的理论教学环节，要求学生带上笔记本电脑，在课堂上及时体验老师讲授的知识。这样一来，既可提高教学质量，又可以节省实验场地，减少实验室工作人员。学生毕业时，把设备还给学校，也减轻了学生的负担。

（三）课程实训同样很重要

现代计算机科学与技术，既欣赏理论家，又欣赏卓越工程师，更欣赏理论与技术复合型人才！随着计算机科学与技术及其应用不断向深度发展，大学必须适应学科发展对人才培养提出的新要求，既要重视基础理论的教学和训练，又要重视理论与实践相结合的能力训练。

计算机专业的课堂教学既有深厚的理论，也有前人多年的经验总结。理论方面的知识不容易理解与掌握，需要通过实践来消化；经验是别人的、间接的，需要学生自身去体会，把间接的经验变成自己的财富。因此，有些课程我们都增设了课程实训，并对课程实训提出了相应的要求：

第一，针对本专业非常重要的若干门专业基础课和专业课，如高级语言程序设计、C++面向对象程序设计、数据结构与算法、数据库原理与应用、操作系统、计算机网络等，专门安排了课程实训环节。学完一门课程后，集中安排 2～3 周的时间做课程实训。时间短了，达不到训练的目的，太长也不现实。这是一种比较科学的做法，有利于提高学生在实训过程中的时间利用率，有利于保障实训的质量，防止“走过场”。

第二，建设课程实训的案例库。针对指定的若干门课程，每门课程都要求建设实训项目的案例库，案例的选取、案例的评审、案例库的建设都有相应的要求和规范。每个案例都要求提供项目名称、功能需求、理论基础、实现环境、文档规范、参考文献、考核方法等。课程实训的难点在于真实项目案例的选取。案例必须包含本课程所要求掌握的大部分内容，这样才能达到实训的目的。如果只涉及部分内容，实训效果肯定大打折扣。案例不能太复杂（规模不能太大），否则学生在有限的时间内完不成任务。另外，项目案例从功能上可划分，便于多人合作设计，训练团队协作能力与精神。

第三，学生完成课程实训后，选取优秀作品公开讲评，相关材料入档保存，供以后的学生参阅。

四、计算机学科导论的核心问题

一个专业的“导论”课程是非常重要的，计算机学科或计算机科学与技术专业、软件工程专业等也不例外。据了解，国内外高等学校的计算机及其相关专业都非常重视“导论”课程，绝大部分高校都给学生讲授计算机导论或计算机概论（现在称之为计算机学科导论似乎更恰当一些）。尽管各高校在教学内容、方法、要求、教材等方面有一些差距，但都对本专业的教学起到了较好的作用。

作为“导论”课程，计算机学科导论到底要达到什么目的？起什么作用？以及如何定位？确实应该进行冷静、理智地加以分析。

首先，在定位方面，我们必须明确，该课程为计算机专业的入门课程，肩负着重要的“使命”。我们认为，“导论”课程应该站在学科的高度，告诉学生本学科能干什么，不能干什么；让学生知道该学什么，应该怎么学；让学生对本学科产生浓厚的兴趣。另外，还要注意，理论性太强，学生接受不了；介绍得太深入，又没有必要，因为后续课程还要展开讨论。因此，我们认为该课程应该起一种“承前启后”的作用，这里所谓的“承前”，一是让学生了解本学科的发展过程以及前辈们所做的贡献，二是了解计算机学科的本质问题。而所谓“启后”，一是介绍本学科的现状及其发展趋势，二是让本专业的学生了解应该掌握哪些知识，应该具备什么样的知识结构和能力。

其次，在教学目标方面，可以归纳为：了解本学科的发展史及其发展趋势，能从中获得必要的启示；从理论模型的层次上掌握计算及计算机的本质问题；了解本学科的知识结构（体系）及其相互之间的关系，掌握正确的学习方法；激发学生的学习兴趣；从整体上提高学生对本学科的认识水平。

因此，我们认为计算机学科导论应该体现出以下几个方面的指导思想：①计算机学科导论应该强化其“导论”属性，而不是（或不仅仅是）介绍某些入门知识、语言、理论和方法，因为这些内容在后续课程中还要展开讨论。“导论”课程的内容应该对学生学习本专业具有较长时间（大学期间，甚至大学后）的“指导”作用。②计算机学科导论应该是站在整个学科的高度上来讨论问题的，教学内容比较宏观，知识面比较广。因此，允许初学者对本课程的内容“知其然，不知其所以然”，也就是只要求学生了解本学科的基本概念、作用、地位、影响、历史、现状和前景等知识，而不要求学生掌握具体的理论、方法、原理和技术。③兴趣是学习动力之源泉。通过计算机学科导论的学习应让学生对本学科产生强烈的兴趣和求知欲望，这是学生学好本专业非常重要的前提。④计算机学科导论应让学生了解计算及计算机的本质问题，只有抓住事物的本质，才有利于分析问题和解决问题。⑤计算机学科导论应努力使学生理解本学科、本专业各门课程的作用、地位及其相互关系，认识并掌握本学科、本专业的特点与规律。⑥计算机学科导论应该介绍计算科学的教学规律和学习方法，以及作为计算机学科的从业人员应该遵守的职业道德等。⑦实践方面要强调学生动手能力的培养，这是计算机专业所必需的。

参照大学物理和物理试验的教学，我们认为把计算机学科导论分成理论与实践两部分是比较合理的。其中，理论部分围绕上述的目标与定位来展开，努力强化“导论”二字，贯彻以“发展沿革、计算模型、兴趣驱动、知识架构、学习导向”为方针的教学指导思想。实践部分侧重操作，强调动手能力的培养，可让学生在多媒体实验室通过示范教学方式学习主流平台及其工具的使用，如 Windows，Word，PowerPoint，Internet 等。

在“发展沿革”方面，主要强调两方面的知识：一是计算机学科的发展史；二是计算机学科发展过程中的局限性及其带给人们的启示。从时间上来说，计算机学科的发展史并不长，但内容却非常丰富（涉及人物、事件、理论、方法、技术等），且充满了智慧。学习计算机学科的发展史是非常有意义的，历史的发展过程，如因果联系性、必然性与偶然性、多样性与统一性等，无不反映着辩证思维的过程。同时，历史知识是由事实—概念—原理组成的一个结构化体系。通过对史实的分析、综合形成概念，再运用概念进行判断、推理，可以获得对历史发展的规律性的认识。这正如著名的教育史家康内尔所指出："历史被看作为智力训练的源泉"。另外，还有很多著名的论断，如"读史使人明智""以史为鉴，可以知兴替"" "欲知大道，必先为史"等。只有学习和熟悉历史，深刻地认识过去，才能更加自觉和正确地把握现实与未来。对于大学生来说，历史可以提高他们的文化素养，可以培养他们的创新思维和实践能力，也可以让他们学会怎样做人等。另外，了解计算机学科的发展史，能让人们从历史的变革中吸取经验教训，获得许多有益的启示。典型地，如二进制问题、串行问题、离散问题、编码问题、内存划分问题、两千年问题、病毒与安全问题等，对这些问题的认识与理解，有助于学生更好地把握未来。

"计算模型"是描述如何在计算机中完成计算的一种理论性模型，不涉及具体软硬件的细节，它给出了完成计算所必须遵循的基本规则。"计算模型"将从抽象的层次上揭示计算及计算机的本质特性。既然是从抽象的层次上描述计算及计算机的本质问题，我们就可以回避许多技术上的细节，就有利于学生从宏观上认识和把握本学科的核心。通过多年的实践，我们深刻地体会到，与其在本课程中讲授CPU的内部结构和工作原理、三大总线、时序、数据结构、算法、OS的五大管理功能等后续课程还要详细介绍的内容，不如讲深讲透冯•诺依曼模型及其工作原理，以及建立在冯•诺依曼模型上的问题求解的概念、方法和过程，并指出冯•诺依曼模型的局限性。这样学生自然就明白了计算及计算机的本质问题，以及人们追求非冯•诺依曼模型的目的和意义。

"兴趣驱动"的目的在于激发学生学习本学科的内在的、强烈的本能冲动！我们知道，兴趣是人们探究某种事物或从事某种活动时所表现出来的一种力求认识和趋近的倾向，学习兴趣是学生对学习活动或学习对象产生的积极探究的认识倾向。这种倾向是和一定情感相联系的一种非智力因素，是学习自觉性的起点，是学习动机中最积极又最活跃的成分，是推动学习的直接动力。教学经验告诉我们，当一个学生对某门学科发生浓厚的、稳定的兴趣时，学习这门课程就有了内在的、持久的动力，这种内因的作用能充分调动学生学习的积极性、主动性。反之，如果学生对某学科的学习无兴趣，就会觉得学习无疑是一种苦役，把学习当作沉重的负担，就没有智慧和灵感，就会进行被动感知，进行形式的记忆，所掌握的知识就是僵化的。这种消极的情感对于学习的积极性只能起破坏作用。所以学习兴趣是产生积极自觉学习的起点，它是学习积极性中最现实最活跃的心理成分。学生只有对他所学的学科建立起深刻和浓厚的感情，学习积极性才可能进入最高阶段。因此，兴趣在教学中有着不可低估的作用。对于计算机学科，如何提高学生的学习兴趣，我们认为有几条途径：一是通过直观、形象的手段（如多媒体 CAI）展示计算机学科的经典应用，如科学计算、天气预报、导弹制导、CAD 等，让学生切实感受到计算机学科给人类所带来的震撼人心的变革；二是介绍计算机学科未来引人入胜的美好前景及其对人类生活的影响；三是实事求是地告诉学生计算机学科尚存在许多需要解决的问题，在某种程度上也可激发学生的热情和创造力。

“知识架构”侧重于介绍本学科的知识结构及其相互之间的关系。在这里只要求学生了解本学科的知识点（或课程），理解这些知识点的作用、地位及其相互之间的关系，但不展开讨论。经验告诉我们，学生很多时候把一门课当作孤立的知识来学习，不了解知识之间的相互关系与必然联系，甚至不知道一门课程的地位和作用，这对学习是极为不利的。

“学习导向”着重讨论本学科的特点、规律以及学习方法。任何一个学科都有其本质的、固有的特点和规律，计算机学科也不例外。学生若能掌握本学科的特点和规律，对于掌握正确的学习方法是非常有益的。另外，作为计算机学科导论，应该介绍作为计算机学科的从业人员应该遵守的职业道德和规范，应该介绍培养良好的职业精神的方法和途径，以让学生终身受益。

五、教学管理既要严格又要灵活，更要鞭策和激励

（一）管理方式要以人为本

第一，主管教学的负责人要通过多种方式及时掌握教学情况，加强与任课教师之间的沟通，及时调整和处理教学中出现的各种情况和问题，把

安排合格教师担任课程任课教师作为保障课程教学质量的最后防线，发现教师不能胜任课程教学任务时，及时采取果断措施予以撤换。

第二，过去教师上完理论课后，总会安排很多次课外答疑，时间、地点和学生面议，定下后，老师按约定的时间到指定的地点答疑，学生有问题就来，没有疑问也就不来了。多年的经验表明，在过去这种答疑方式起了一定的作用，但是作用不大。原因是平时学生并不积极，甚至很多时候老师等候半天都不见几个学生来问问题，有时候一个学生都没有。只有临近考试的时候才有不少学生“前来问津”，实在让人哭笑不得。老师的时间也很宝贵，也不应该这样浪费。现在的通信联系方式已经多样化了，大可不必按这种传统的方式答疑了。推荐的做法是：将老师的办公室电话、手机号码、E-mail 等都告诉学生，甚至建立班级 QQ 群、课程论坛等，学生有什么问题，可以通过多种方式和任课教师联系，及时解决答疑问题，对老师、学生都很方便。

第三，教学管理本应该是非常规范和严格的，但如果什么事情都教条化、没有任何灵活性的话，对提升教学质量肯定是无益的。例如，明明知道条件不成熟（师资、学生的水平），非要搞多门课程的“双语教学”；明明知道两周的时间内学生不可能高质量地完成课程实训，非要学生按期提交实训报告和材料等。只要坚持有利原则（即有利于提高教学质量），适当灵活一点是应该的。

第四，教学环节对学生的考勤是必需的，要不总有一些不自觉的学生迟到、旷课等。但过去总有这样的问题：到底谁来考勤？任课教师指望负责学生工作的辅导员、班主任、年级主任等来做这项工作，后者又希望任课教师负责。我们认为，双方都要负责，每个班级都安排学生干部值勤（负责考勤），学生干部的考勤记录上交负责学生工作的老师统计汇总，期末与教师的考勤记录一起上交院系存档、备查。考勤记录作为学生平时成绩的主要打分依据之一。

第五，每年院系都评选一次教学方面的先进工作者，由主管教学工作的院系领导提名，实行差额选举，全体教职工投票。获提名的依据：教学工作量、主持教改项目的研究、发表教改论文、获得教学成果、参加教学竞赛并获奖、带领学生参加教学竞赛并获奖、获得教学方面的其他荣誉（如指导学生毕业设计获得校级优秀奖）、学生评教打分等，只要出过教学事故或差错，一律取消评先资格。获评教学先进工作者给予精神与物质奖励。

（二）学生是需要不断鼓励的

一些学生入学后，自信心不足，学习气氛不浓，钻研精神不强，学习基础不是很好，更有个别学生因为没有考上重点大学采取自暴自弃的学习态度。面对这样的学生，不做好正确的引导和鼓励肯定难以取得成效。对此，我们的经验是：

第一，正确的认识很重要。可在从以下几方面增强学生的认知：①记得苏联教育家说过一句话：任何一所大学既培养人才，也培养蠢材，只是出才比率不一样而已。②没有考上重点大学并不说明学生们的智力低下，只能说明中小学阶段的学习态度不是很好、学习方法不太正确、精力分配不是很合理而已，大学及大学后的比拼不再是中小学里所学的东西了。③学习成绩好与能力强乃至今后能否“成功”并不完全画等号，全面素养的提高才是至关重要的。④课堂教学方面普通院校和重点大学不可能有本质的差别，“师傅领进门，修行靠个人”，经过自身努力是可以成才的。⑤没有上大学但经过艰苦奋斗最后取得成功的案例不少，何况有机会读大学呢？⑥信心、决心、恒心在成功的道路上才是起决定作用的，有了此“三心”，成才或成功是早晚的事，顶多比重点大学的学生晚一点而已。

第二，榜样的力量是无穷的。多年的教育教学培养出了不少非常优秀的学生，他们作为榜样，对师弟师妹们的影响是巨大的。例如，有人毕业时能开发出水平很高的、非常商业化的防火墙软件；有人在校期间就作为主要成员参与开发了网上非常流行的“Kugoo”软件；有人立志开发一门介于 C 与 C++之间的语言及其编译器；有人在校期间就可以发表核心期刊论文；有人参加全国、地区级软件大赛获奖；有人在校期间每年的奖学金高达 1 万多元；有人在校期间能获取近 20 万元的报酬；有人毕业一年后，去了国外从事软件开发，事业辉煌，年薪几十万……事例非常多，可以利用各种机会给学生们“讲故事”，这对激励学生成长、成才非常有好处。

第三，正确的引导是关键。具体来说：①我们始终认为：好学生不见得是老师教出来的，但确实需要好老师去引导！做好“引导”是大学老师最重要的职责。②给非研究生配备导师是正确的，毕竟学生学什么、怎么学需要导师去引导。③高校教师有责任和义务给学生更多的人文关怀。

参考文献

[1] 杨海艳，王月梅.计算机网络基础与网络工程实践［M］. 北京：清华大学出版社，2018.

[2] 邹逢兴. 微型计算机原理与接口技术教学辅导［M］. 北京：清华大学出版社，2016.

[3] 仇丹丹. 计算机辅助教学实用教程［M］. 北京：北京邮电大学出版社，2015.

[4] 陈勇. 物联网技术概论及产业应用［M］. 南京：东南大学出版社，2013.

[5] 王永红. 计算机网络技术［M］. 北京：北京航空航天大学出版社，2014.

[6] 孙俊逸，刘腾红. 高校计算机教育教学创新研究［M］. 武汉：华中科技大学出版社，2010.

[7] 何淑娟. 计算机应用基础项目教程［M］. 北京：中国铁道出版社，2013.

[8] 王文亮，肖美丹. 校企合作创新网络的结构模式和运行机制研究［M］. 北京：科学出版社，2016.

[9] 赵强，孙莹，尹永强. 科技资源整合与产学研合作问题研究［M］. 沈阳：东北大学出版社，2014.

[10] 颜彩飞. 高职院校校企合作机制创新研究［M］. 长沙：中南大学出版社，2016.

[11] 田秀萍. 校企合作内在机制［M］. 北京：中国轻工业出版社，2016.